让花园更出彩的植物手册

[日] 太田敦雄◎著
药草花园◎译

长江出版传媒
湖北科学技术出版社

目 录

请不要认为园艺是牧歌式的、冥想式的，这其中蕴藏了无限热情。

——卡雷尔·恰佩克《园丁的一年》

“ACID NATURE 乙庭”的植物栽培案例

“ACID NATURE 乙庭”（以下简称乙庭）的店主太田敦雄在建筑、美术、音乐等领域造诣都很深，丰富的经历让他在磨砺中得到成长，而这一次他想用植物展现自己的创造力。

接下来就让我们看看太田敦雄的 3 个植物栽培案例吧。

* 案例 1 和案例 2 中的建筑是由日本群马县高崎市的生物建筑舍设计的。

案例 1

店铺

根据环境特征展现出不同魅力

乙庭的店铺外靠着水泥墙栽种了多种个性丰富的植物。伸展着丰满枝叶、充满南国风情的热带植物，形态奇特的多肉植物，以及各种常见植物搭配在一起，形成了一道独特的风景。店铺周围都是水泥地，因此这里的植物不适合地栽，都是用花盆栽种的。

店铺外的植物搭配看上去独特而新颖，却又像是完全自然生长在这里的一样，由此可以看出店主对植物的爱意之深、知识积累之丰富、审美眼光之独到。

按高矮层次搭配演绎出纵深感

这里的植物大多种植在用无纺布制成的花盆里，黑色的无纺布花盆不显眼、重量轻、容易搬动，花盆之间设置了通道，确保了光照和空气流通，同时让浇水和修剪更加方便。“高矮不同的植物打造出了层次感和纵深感，小道上的人也成为风景的一部分。”太田敦雄说。

[前院]

店铺的前院中大胆地使用了大型装饰性植物。不拘泥于传统的植物搭配，太田先生通过植物表达自我，让欣赏者也能感受到其中的乐趣。

紫叶蓖麻、大叶子的美人蕉、颜色鲜艳的粉色松果菊……具有强烈视觉冲击力的宿根花卉聚集在一起，创造出了一幅美妙的画面。这样的植物搭配在热带风格中加入时尚感，同时又不乏野趣，着实让人着迷。

[侧院]

建筑东侧的院子里也用盆栽植物打造出了独具魅力的花境。与热带风的前院不同，这里使用了很多富有野趣的植物，它们彼此之间形成了鲜明的对比，也为创意性的植物搭配指明了方向。

侧院的门洞下光照条件很好，这让盆栽植物得以健康生长，形成壮美的景观，同时也很好地遮挡了门洞。

左上 / 芍药‘黑美人’的暗红色新叶搭配大戟‘黑鸟’柔软的绿色嫩叶，与扁桃叶大戟‘冰霜火焰’和紫蜜蜡花的黄色花朵形成鲜明对比。

右上 / 紫蜜蜡花、绿松石鸢尾、花葱……在梦幻般的蓝色调植物里，拥有金色叶子的薹草格外引人注目。

左下 / 落新妇和松果菊形态不同的粉色花互相映衬，和谐中透着一丝与众不同。

右下 / 让人倍感清爽的黄绿色叶片植物，与开出暖色花朵的六出花‘印第安之夏’、绣球‘纱织小姐’形成对比，整体看上去非常亮眼。

新颖与传统相结合
BEAUTIFUL NEO OLD FASHION

除了各种新奇的植物外，这里也栽种了不少日本传统植物。“日本昭和时代（注：1926 年 12 月 25 日—1989 年 1 月 7 日）庭院里的植物其实并不土气，有时只是搭配不当。”太田敦雄说。

不拘泥于植物的固有印象，而是从自己的审美出发，自由地发挥想象力，就会打开一个全新的世界。

美人蕉和美洲芙蓉总传递出一种乡土气息。对于这类植物，可以将具有时尚感的园艺品种和其他新的植物品种组合在一起，如此带来的观赏效果就会大不相同。

左、中 / 历史悠久的火把莲，搭配原生于原野和林间的博落回、美洲商陆（垂序商陆）等富有野趣的植物，再加上拥有古铜色叶片及剑形叶片的新潮植物，使花境更加丰满。
右 / 带有茶色斑点的六出花‘印第安之夏’传递出一丝乡愁意味。它的叶片微微泛紫色，兼具传统与新颖、厚重与活泼之感，搭配金叶植物对比度更强。

大胆又细致入微的趣味花园

这是太田敦雄完全出于个人兴趣，从2008年开始用3年时间打造的花园。当时不像现在能买到很多珍稀品种，只能通过国外的书籍、网站获得购买信息。土地是租赁的，不能种植高大的树木，于是就在主花坛中以大型观赏植物为骨架，打造出独具魅力的景色。深粉色、橙色、黄色等视觉冲击强烈的花色巧妙地组合在一起，形成了与许多花园完全不同的趣味空间。

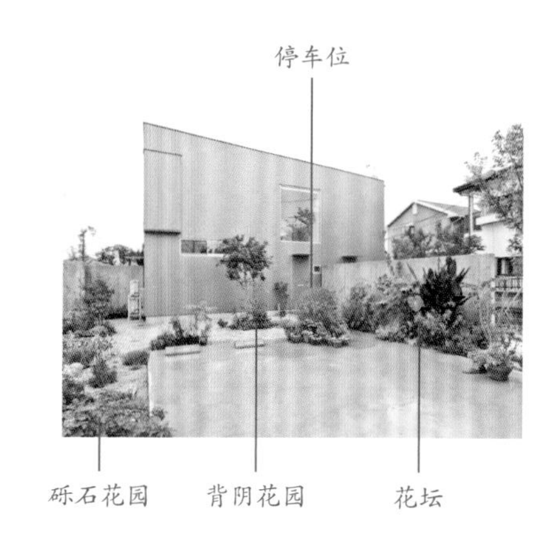

案例2
住所

美人蕉、大野芋等植物夸张的叶子营造出初秋的韵味。夏季开放的宿根花卉和花穗美丽的草本植物交织出动人的景致。

作为背景的大型植物尚幼，但是栽种在中前部的宿根植物和球根植物已经绽放出华丽的色彩，呈现出独属于春季的清新场景。

[花坛]

以水泥墙为背景，花坛中各种各样的观赏植物展现出独特的形态和色彩，野趣十足。

上 / 叶片如同雕刻般的巨型蜜花与姿态独特的茴香、紫叶新西兰麻组合在一起，将植物的形态之美很好地展现出来。

中 / 粉色系的花与紫色系的叶子搭配起来，呈现出一种淡雅低调的美。

下 / 蓬松的小木槿、大丽花、紫叶狼尾草衬托了极具装饰性的大野芋。

砾石花园 & 背阴花园

将原本铺设了沙砾的地方因地制宜，做成与英国“贝斯·查特奶奶的花园”一般的砾石花园。房屋前方和侧面的日照很差，而落叶乔木下更是基本照不到阳光，因此将这里作为背阴花园种植了各种耐阴植物。

［砾石花园］

左上 / 有刺的银叶植物双刺蓟和花朵呈放射状的花葱搭配，几何形状的组合让整个画面显得简洁有序又与众不同。

右上 / 罂粟葵的粉红色花朵在金叶悬钩子亮丽的叶子中显得格外美丽。

［背阴花园］

左下 / 折柄茶下方，矾根和朝雾草的黄绿色叶子清爽而紧凑，与周围的植物形成鲜明对比。

右下 / 探出红色花茎的雨伞草与橙色叶子的矾根搭配在一起，它们的形态和颜色都极为独特。

左 / 把多肉植物种植在陶盆里，集合放置，打造成一个多肉花园。随着时间的推移，花茎不断生长的黑法师为这里的景致带来了一些变化因素。

右 / 蝴蝶月季、铁丝网灌木、牡丹‘黑龙锦’等小型灌木演绎出富有立体感的画面。

停车位

停车的地方放置了用红陶盆栽种的月季、多肉植物和宿根植物，远看上去好像是一个布满植物的花坛。

上/‘灰珍珠’‘紫燕飞舞’等深浅不同的粉色月季，在搭配时特别注意了因颜色的浓淡而造就的微妙视觉变化；在选择植物时则要注意它们四季开花的特性，以及与其他植物搭配的和谐程度。

左/在热带植物舒展的叶子之间，大丽花‘乱发’艳丽的红色花朵为整个空间增添了分量感。

优雅、美丽的花朵 BEAUTIFUL GORGEOUS FLOWERS

在乙庭的花园里，各种个性鲜明的植物争奇斗艳。在那些形态奇特的植物之中，也巧妙地加入了些优雅的花朵，反而更加突出了一种新奇之美。

左/花瓣上有条纹的牡丹‘黑龙锦’与开着深粉色大花的天竺葵演绎出东方风情。

中/早花的唐菖蒲和花葱‘紫色动感’的紫色花朵让整个场景显得更加柔美可爱。

右/暗红色的月季‘弗朗西斯·杜伯利’和深粉色的天竺葵成为画面的焦点。

案例3

阿尔法牙科医院

两个意趣各异的空间

在阿尔法牙科医院的前院里，植物奔放的枝叶舒展而张扬，缤纷的色彩吸引着观赏者的目光。花坛里种植了100多种植物。院长狩野先生委托太田敦雄造园时说，希望能通过这个花园，让患者和路过的行人感受到季节的变化。

由于这里时常有从赤城山刮来的强风，太田敦雄便在前院中通过大量枝叶纤细的植物，打造出植株随风摇曳的柔和景致。在中庭里，则减少植物的数量，通过几株大型植物，打造出如同山岳地带般的苍凉风景。

牙科医院的前院。沿着道路边界设计的水泥墙好像空白的画纸一般，为植物提供了背景。细长的花坛里种植了灌木和宿根植物，极具立体感。

[上页]
左上 / 带白色花穗的羽绒狼尾草株型庞大，让人印象深刻。
左下 / 花穗直立的拂子茅‘卡尔 · 福斯特’和开着紫花的美女樱勾勒出笔直的线条。
右 / 锥叶金合欢纤细的枝条和圆形的花朵极具魅力。

[前院]

沿着小路旁长 32m、宽 1.2m 的花坛漫步，患者及路过的行人都会感到身心愉悦。纤细的植物带来轻盈的动感，让人百看不厌。

左上 / 通体银色的毛蕊花成为视觉焦点。右上 / 向上伸展着茎干的大头金光菊，让人感受到强大的生命力。左中 / 草类植物的柔软花穗和丝兰坚挺的叶子形成对比。右中 / 铁丝网灌木颜色暗淡的枝叶，与艳丽的六出花相互映衬。左下 / 海滨两节荠（又名海甘蓝）和鹰爪豆透出一丝荒凉感。右下 / 墨西哥羽毛草、大头金光菊等打造出朴素又不失野趣的画面。

[中庭花园]

牙科医院的中庭是一个独特的私密空间。铺设的石块中间，栽种着干旱地区常见的大型植物，展现出厚重而又粗犷的景致。

从候诊室和诊疗室看向中庭。相比前院轻盈、充满动感的风格，中庭使用了龙舌兰等具有厚重感的植物，打造出静谧、稳重的场景。就像展示作品的画廊一样，中庭开辟出了一个独特的空间。对比中庭花园刚刚建成时的样子（下图），不难看出，栽种于此的植物经过三年的生长，让庭院的风格更为突出了（上图）。

秋日美景 BEAUTIFUL AUTUMN SCENE

沐浴在秋季柔和的阳光之中，前院的植物焕发出美丽的光彩。在凉爽的秋风的吹拂下，宁静的风景安抚了过路人的心。

上 / 反射出强烈光线的羽绒狼尾草、任由阳光透过斑叶的丝兰‘科兰金’，与制造出波浪形光影的海滨两节荠等多彩植物组合在一起。

左下 / 在纤细柔美的观赏草中，刺芹的独特花朵不经意间为画面添上一抹亮彩。

右下 / 叶子逐日变红的鸡冠花和花期将尽的柳叶马鞭草，加重了深沉之感。

用植物让花园更出众：乙庭的植物搭配方法

“将自己看作导演，为植物打造出精彩的舞台。”抱着这种心理来打理植物，让植物演绎出独具特色、充满摩擦和碰撞的故事。

左 / 在灰蓝色的龙舌兰后面，丝兰叶龙荟兰红色的花茎悄悄伫立，打破了春日庭院的宁静。

右 / 半阴处，在颜色明亮的彩叶玉簪和蕨类植物中间，色彩深沉的三叶天南星妖艳而不失威仪。

[展现植物的特色，让花园直击人心]

植物带给我们的冲击感到底是什么？醒目的颜色、四季变换的美景，这些仅仅是感官上的；真正能直击人心的，是隐藏于花园背后的园艺师的个性和审美眼光，以及他通过植物传达出的信息和思想。

不少让人印象深刻的花园会被冠以其主人的名字，被称为“×× 的花园”。不因某种元素的流行就刻意模仿，而是抱着信念去展现自己的特色，这才是打造出独特又能引人共鸣的花园的关键。

如今想要购买珍稀植物已经很容易了，但把它们简单地整合到一起并不一定能让花园深入人心。模仿书上或是网上的创作而得到的作品，乍看确实很美，细想却少了些深度。

那么怎样才能打造出独一无二的花园，并展现出其主人的思想呢？花园不是短时间就可以完成的绘画作品，而是植物在时光流转中演绎出的戏剧。把自己喜欢的植物当作剧本中的不同角色，让它们发挥各自的特长，接下来，就可以期待各种惊喜和美好的相遇了。以植物为语言像写故事一样认真地栽种下去，让花园中的景致在季节更迭中不失连贯性，这一点对于传达造园者的思想至关重要。

当然，良好的园艺知识储备也是非常必要的，否则设计好的方案不能顺利进行下去，会让人感到万分烦恼。这是属于你自己的造园记，其间的所有经历最后都会化为更强的表现力、更丰富的知识和更加过硬的技术，只有这样，园艺师才能不断进步。

接下来要介绍的是打造个性花园必备的四大要素，掌握了这些要素后，你离打造出让人怦然心动的花园就更近了一步。

造园的四大要素

1 CONCEPT 主 题

如果主题很明确，珍稀植物带来的将不仅仅是感官上的冲击，而是一个思路明晰的花园故事。

左 / 龙舌兰的灰蓝色和金焰绣线菊的橙色嫩芽，是只有在与日本气候条件相似的环境下才能实现的组合。

右 / 和风庭院的素材之花——牡丹‘黑龙锦’被大胆地用于现代风格的植物组合中，呈现出让人惊喜的景色。

决定主题，明确方向

在建造花园时，最重要的是明确自己要通过花园表达什么。首先，要决定花园的主题。一位导演就算找到了不少著名演员，但如果剧本的主题不明确，也无法完成动人的作品。同理，能触动人心的花园，一般都有一个主题贯穿其中，比如影响深远的“贝斯·查特奶奶的花园”，其主题是“无灌溉的花园”，也就是在水资源匮乏的地方，利用生活在干旱地区的植物，打造出无比美丽的花园。乙庭的主题是“虽为人工，却宛若天成，既能适应日本当地的气候，又独具特色、与众不同”。在决定主题时，首先要明确自己的喜好。将喜欢的植物作为主角，再围绕它编写故事。珍奇的植物和惹眼的搭配会增加花园的魅力，不过，最终深入人心的还是花园展现出来的主题思想。

了解环境的特点，谨慎又大胆地为花园选角

所谓选角，就是要根据主题选择合适的植物，确定演绎花园故事的“演员”。

舞台背景对于选角是非常重要的，因此，首先要了解作为舞台背景的日照、土质等条件，以及庭院周边的环境特点。仔细考虑自己喜欢的植物是否适合这个生长环境，是否能较好地融入四周的背景和建筑物。

选角的重点是通过对植物的选择良好地反映出自己的喜好，从而在花园中展现出园艺师的特色。一个故事中不仅要有主角，配角也非常重要，有时，一些反派角色和友情出演的演员也许会成为成功的关键。意识到不同角色的作用，让植物们一一登场吧。

在乙庭，我把有着灰蓝色表皮和锐利尖刺的龙舌兰、令人有些毛骨悚然的三叶天南星等外形奇特的植物，以及暗叶植物作为主角，打造出谜一样捉摸不透的景色，为花园添加了一丝不安定的因素。

2 CASTING 选 角

在选择植物的过程中，不论是主角、配角还是反派，都要忠实于自己的喜好，当然也不能忘了最初为花园设计的主题。

左 / 拥有鲑鱼粉色花朵和迷彩色图案茎干的珠芽魔芋，为花园带来一些不同寻常的色彩。

右 / 乙庭中如同黑暗骑士般的存在——美人蕉‘澳大利亚’。

3 CONTRAST 对比

选角完成后，接下来就要通过搭配形成对比

刺激观赏者的感官是让花园更出彩的第一步，就像电视剧中那些令人印象深刻的场景一样，如何让不同植物产生“碰撞”是关键。有意识地用植物制造对比，如此便能打造出张弛有度、富于变化的风景。

想要制造对比，可以把颜色、形状、质感差别很大的植物搭配在一起。从颜色来说，既有明暗的不同，又有“黄色和紫色”“淡蓝色和粉红色”这样的互补色关系；从质感来说，则有柔软和硬挺之别。如果组合在一起的植物差异大，并且各自的特色又都很突出，那么就会营造出极具视觉冲击的景致。

除了颜色和形状带来的外观对比之外，将风格不同的植物搭配栽种也很有意思，比如现代风与怀旧风的组合、热带风与自然风的组合。不过，强有力的对比带来的表现力虽然不错，但归根结底不过是视觉上的表达技巧，即使打造出让人印象深刻的画面，也还是少了些思想上的深度。要想让花园更具内涵并带有园艺师的特色，用植物传达出信息和花园的文脉尤为重要。

有意识地将各种不同的植物进行组合，打造出具有冲击力的画面。植物颜色、质感的差异和各种意外的“碰撞”造就了一场独特的视觉秀。

左 / 硬挺短小的灰蓝色叶子和细长柔软的黄色叶子形成强烈对比。

右 / 风格独特的芙蓉葵和堆心菊与彩叶植物形成极具视觉冲击的组合。

4 CONTEXT 文脉

让花园更具意义，为花园的主题添加清晰的脉络

第四个要素是文脉。在文学中，文脉指上下文；在语言学中，文脉指的是语境；而花园的文脉，则是蕴藏在植物中的寓意，是描绘花园主题的脉络。

有些乍看很酷的花园，实际上只是将各种不同的植物简单地罗列在一起，就像是用毫无意义的句子和陈词滥调堆砌而成的文章，一直重复着同样的内容。把植物独有的特性有意义地联系起来，这才能体现出花园的主题和内涵。

如果说花园的主题是一条大河，那么花园的文脉就是这条大河的支流，支流不断汇入干流让整条河更加壮观，而干流的存在又在各支流间建立了联系。造园时，要尝试把植物的特性和你想要表现的主题思想联系起来。这对于初学者来说可能有些难，但只要不断尝试，你就能在积累更多园艺知识的同时，让花园的表现力变得更强。

植物传达的信息相互关联形成了花园的文脉，从而传达出花园的主题。用自己喜欢的植物“编写”花园故事，由此诞生的风景将会既具有视觉冲击力，又能反映出园艺师的思想。

左 / 以喜马拉雅地区原生的大戟为中轴，搭配枫树和蕨类植物。来自山野的植物重新组合后，形成多彩的画面。

右 / 在排水良好的地方，刺芹和花葱开出的星形花朵聚集成梦幻般的景色。

别具一格的花园：植物选择与搭配

□ 关于本书

· 本书介绍的植物生长条件以夏季最高气温35℃以上、冬季最低气温－5℃左右的日本关东平原（相当于中国江苏北部至山东的区域）的环境为基准。

· 根据日照量、降雨量、地域气候的不同，植物的耐寒性、耐热性也会发生变化，本书提供的信息仅供参考。

· 选择植物时，事先确认植物的耐寒性和耐热性等习性很重要。

· 植物有园艺品种和改良品种，为了给栽培提供参考，本书尽可能地标明了植物交配亲本的代表性原产地。

耐寒性（括号内是植物越冬时能承受的温度参考）

4★★★★ 非常强（－10℃以下）。可以在寒冷地区栽培。

3★★★ 强（－7～－10℃）。一般可以在除了寒冷地区以外的室外栽培。

2★★ 普通（－3～－7℃）。可以在温暖地区的室外越冬。

1★ 弱（－3～0℃）。不可在温暖地区以外的室外过冬，冬季要放入室内防寒。

耐热性

4++++ 非常强。喜欢酷热的环境，即使在炎热地区的盛夏也能健康地成长。

3+++ 强。可以在温暖的地方过夏，但在盛夏的阳光下会有些蔫。

2++ 普通。无法忍受强烈的阳光直射和高温潮湿的环境，适合在温和的环境中生长。

1+ 弱。夏季适合在清凉的地方培育。球根植物应在休眠期将其挖出来储藏。

PERENNIAL
多年生植物

包括装饰性强的、富有异国情调的、色彩鲜艳的，以及个性鲜明的多年生植物等。

Acanthus mollis 'Tasmanian Angel'

虾蟆花'塔斯马尼亚天使'

科别：爵床科	宽幅：约80cm
类型：多年生半落叶草本植物	光照：半阴
原产地：南欧	耐寒性：3 ***
花期：晚春至初夏	耐热性：2++
株高：约1.2m（开花时）	土壤湿度：一般

虾蟆花有富于动感的裂叶和莲座状株型，是古希腊建筑中克林特式柱头的创意来源。'塔斯马尼亚天使'是其中极具魅力的斑叶品种，春季长出的新叶几乎通体雪白，充满梦幻般的美感，粉色的花与叶色的对比非常美妙。入夏后，它的叶片会变成美丽油亮的绿色，其上带有白色斑纹。与绿叶品种相比，'塔斯马尼亚天使'叶片上的白斑更容易被晒伤，因此种植时应选择半阴处以避开阳光直射。

◀到了夏末和冬末，虾蟆花'塔斯马尼亚天使'的叶片有时会因新陈代谢而变少，不过，进入春秋生长期后新叶会逐渐长出来。

作者说
The Author's View

在打造花园时，可以活用'塔斯马尼亚天使'华美的斑叶，将它作为半阴花园的主角。虽然'塔斯马尼亚天使'是大型植物，但其株型在花期外比较低矮，可以种植于其他植物的前面。它与落新妇'巧克力将军'的组合表现力极强；与玉簪光滑的圆形叶片则会形成绝佳对比。

左 / '塔斯马尼亚天使'在晚春至初夏开放花朵，白色与粉色相间的穗状花与带白斑的叶片营造出梦幻般的感觉。

右 / '塔斯马尼亚天使'与花叶虎杖、玉簪'六月'等彩叶植物组合在一起，带来异彩纷呈的视觉效果。

| *Aralia cordata* 'Sun King' |

土当归‘太阳之王’

科别：五加科	宽幅：约1m
类型：多年生落叶草本植物	光照：半阴
原产地：日本	耐寒性：4 ****
花期：夏天	耐热性：3+++
株高：约1m	土壤湿度：湿润

土当归‘太阳之王’是原生于日本山林里的食用土当归的金叶品种，其明亮耀眼的颜色在背阴处也能良好地上色，植株长大后饱满繁茂，可以作为背阴花园的主角。由于原生于日本山林，‘太阳之王’不耐强烈的日照，不过，只要种植在不会被阳光灼伤叶子的半阴处，它的后期管理就会非常简单。晚春叶子展开后，植株的高度与宽幅都会扩展，可能会遮住周围低矮的植物，因此栽种时要注意与其他植物保持一定距离。

◀‘太阳之王’的叶子硕大而繁茂，黄金般的颜色会让背阴花园也明亮起来，这一点和普通的食用土当归完全不同。

作者说
The Author's View

‘太阳之王’有一种山野草的感觉，适合栽种于花境的中后方。这个品种能与通脱木、风铃草‘紫色感觉’形成很好的搭配；和荚果蕨、紫萁组合在一起时，则像是在山野中生长的一般自然。

左/‘太阳之王’和通脱木、落新妇‘巧克力将军’等叶子独特的植物大胆组合在一起，在背阴处呈现出了个性鲜明的景致。
右/‘太阳之王’搭配风铃草‘紫色感觉’、紫萁和花叶虎杖，让人联想到日本的山野草，但日式风格又不会太浓。

| *Agave ovatifolia* |

鲸舌龙舌兰

科别：天门冬科	宽幅：约80cm
类型：多年生常绿植物	光照：全日照
原产地：美国南部、墨西哥	耐寒性：3 ***
花期：几十年开一茬花，结果后枯萎	耐热性：4++++
株高：0.5～3m	土壤湿度：春季至秋季正常浇水，冬季保持土壤干燥

鲸舌龙舌兰是2002年命名的稀有品种，它泛白的灰蓝色叶子非常美丽，带尖刺的肉质叶子伸展开形成敦实的莲座。长大后，它雅致的叶色和如同雕塑般的形态会展现出独一无二的存在感。

鲸舌龙舌兰适合种植在向阳的地方，在生长期（夏季）要保证充足的肥料和水分，这能让植株生长得更快，株型也更美。鲸舌龙舌兰耐热、耐旱、抗寒，易于培育，它不喜欢湿度高或者冰冻的环境，冬天最好控制浇水量，让土壤保持干燥状态。在寒冷地区，冬天须将植株移入室内。虽然鲸舌龙舌兰生长缓慢，但花费多年来培育也是十分值得的。

◀ 种植在垂枝北非雪松脚下的鲸舌龙舌兰。雪松曼妙的垂枝与龙舌兰刚硬的形态形成鲜明对比。

作者说
The Author's View

鲸舌龙舌兰尚小的时候可以将它栽种在花盆中作为庭院的主角培育，长大后还是应该地栽。它适合与大戟、鹰爪豆等耐旱的植物，以及羽毛草、薹草等细长的观赏草搭配栽种。

左 / 春季的景色：鲸舌龙舌兰与海滨两节荠、羽毛草等植物搭配，颜色极简，但是质感上的对比非常有趣。龙舌兰本身很难展现出季节感，可以通过与开花的植物或者季节性落叶的宿根植物搭配演绎出季节感。

右 / 鲸舌龙舌兰与垂枝北非雪松、鹰爪豆、墨西哥蓝棕榈、景天‘霓虹’等植物的组合，虽然原产地不同，但它们都属于干旱地带的植物，因此栽种在一起非常和谐。

立叶龙舌兰搭配大戟、帚灯草等颜色和形态都十分独特的热带植物，表现力极佳。

Agave franzosinii

立叶龙舌兰

株高：2～5m　｜耐寒性：2 **
宽幅：约2m　｜耐热性：4++++

※其他特性可参考鲸舌龙舌兰（P24）

立叶龙舌兰泛白的灰蓝色叶子华美而优雅，成株仅叶子的高度就可达 2m，是体形巨大的莲座状植物，整体散发出一种厚重感。它弓形翻卷的叶子优美，幼苗可以种在前排以突出颜色和形态的美感；长大后可以种植在低矮的植物中间，观赏性极佳。与美人蕉、芭蕉等叶子圆润的植物搭配会形成不错的对比。如果因成株过大而感到困扰，可以用大花盆来限制根部的生长，栽培方法可参考鲸舌龙舌兰的相关内容（P24）。

巴利龙舌兰与紫叶芭蕉、大戟等植物搭配，耐旱植物和热带植物的多彩组合展现出独具一格的风情。

Agave parryi ssp. *Truncata*

巴利龙舌兰（虚空藏）

株高：0.6～3m　｜耐寒性：3 ***
宽幅：约90cm　｜耐热性：4++++

※其他特性可参考鲸舌龙舌兰（P24）

巴利龙舌兰是龙舌兰中的人气品种，灰蓝的叶色十分别致，叶片较宽，呈莲座状生长，姿态端庄优雅，与佛教中的吉祥天女有一定的关联。它有日本传统植物的特色，不论是现代风还是怀旧风的花园都适用。巴利龙舌兰可与丝兰、大戟等耐旱植物组合；与针茅和松果菊等富有野趣的花草，或是曼陀罗、芭蕉等具有南国风情的植物搭配，则能演绎出富有独创性的画面。培育方法可参考鲸舌龙舌兰的相关内容（P24）。

大叶龙舌兰‘绿杯’与软树蕨、帚灯草、北美云杉等植物搭配在一起，虽然色彩的碰撞有限，但质感的对比突出。

| *Agave salmiana* var. *ferox* 'Green Goblet' |

大叶龙舌兰‘绿杯’

株高：0.9～3m | 耐寒性：2 ★★
宽幅：约1.5m | 耐热性：4++++

※其他特性可参考鲸舌龙舌兰（P24）

大叶龙舌兰‘绿杯’是以壮实美丽著称的菲洛克斯龙舌兰中的一个小型园艺品种。它深绿色的叶片边缘有尖锐的棘刺，株型不太大，很适合种植在小花园中。成株基部会逐渐收紧，叶片向外展开，远看就像一个高脚杯，形态非常美丽。‘绿杯’适合与颜色深沉的热带植物及柔软的观赏草组合栽种，培育方法可参考鲸舌龙舌兰的相关内容（P24）。

‘银色冲浪’体形巨大，灰蓝色的外表和豪壮的身姿让它极适合成为花园的主角。

| *Agave* 'Silver Surfer' |

龙舌兰‘银色冲浪’

株高：1.5～4m | 耐寒性：3 ★★★
宽幅：约2m | 耐热性：4++++

※其他特性可参考鲸舌龙舌兰（P24）

龙舌兰‘银色冲浪’拥有泛白的灰蓝色叶子和粗暴美丽的棘刺，豪壮的身姿释放出强大的存在感。它很适合用来打造景观的收缩效果，与观赏草、宿根植物和彩叶树木等搭配时，会成为景观的聚焦点。

‘银色冲浪’适合全日照的环境，在生长期（夏季）需要充足的肥料和水分。它生长速度极快，且成株体形较大；一旦长大，移植会非常困难，因此在最开始就要慎重决定定植地点。如果想控制植株大小，可用花盆限制根部的生长。培育方法可参考鲸舌龙舌兰的相关内容（P24）。

Aloe striatula

椰子芦荟

科别：阿福花科	光照：全日照
类型：多年生常绿草本植物	耐寒性：2 **
原产地：南非	耐热性：4++++
花期：晚春至初夏	土壤湿度：春季至秋季正常浇水，冬季保持土壤干燥
株高：约1m	
宽幅：约80cm	

椰子芦荟原产于南非，其深绿色的肉质细叶呈莲座状展开，茎群生而富有动感，姿态十分特别。它与火把莲相似的黄色花穗也很有魅力，兼具怀旧感和现代气息。

椰子芦荟喜欢全日照的生长环境，在光照不足、水分过多的环境下会徒长，从而导致株型变得杂乱。它在高温条件下生长旺盛，应保证肥料和水分的供给；冬天则会停止生长。椰子芦荟较耐寒，但不喜欢低温、潮湿的环境，因此，如果在冬季通过控水保持土壤干燥，其耐寒性会大大提高。

◀ 椰子芦荟、有迷彩图案茎干的珠芽魔芋和长着橘黄色枝条的绿玉树‘火焰棒’共处一处，颜色和形态各不相同的植物组合在一起，整个画面充满了热带的气息。

作者说
The Author's View

椰子芦荟颠覆了人们的刻板印象，很值得尝试。它适合搭配美人蕉、丝兰等冬天同样需要控水管理的热带植物，组合时要考虑植物形态上的对比，避免将形态类似的植物组合在一起。

左 / 椰子芦荟开出像火把莲一样的黄色花穗，搭配肉质的叶子，造型独特，饱含怀旧感。
右 / 椰子芦荟与珠芽魔芋、绿玉树‘火焰棒’、地涌金莲等植物搭配栽种，打造出绚烂的盛夏景致。

| *Asparagus densiflorus* 'Myers' |

狐尾天门冬（非洲天门冬'迈氏'）

科别：百合科	光照：全日照
类型：多年生半落叶草本植物	耐寒性：2 **
原产地：南非	耐热性：4++++
花期：春季	土壤湿度：春季至秋季正常浇水，冬季保持土壤干燥
株高：约60cm	
宽幅：约50cm	

狐尾天门冬的针状细茎覆盖住主茎，让植株看上去毛茸茸的，很有个性。作为观叶植物，狐尾天门冬自古以来就为人所知，可以用来为庭院增添一种浑然天成的感觉。它喜欢光照和排水好的地方，耐热、耐旱，但抗寒性较弱，比较适合在温暖地区种植。在寒冷地区，可以用花盆栽种，冬季将它移至室内养护。狐尾天门冬冬季偶尔会落叶，春季会再次发出新芽；它的根系生长旺盛，盆栽要特别注意避免根系盘结。除了需要越冬防护措施之外，狐尾天门冬大多时候都很强健，容易养护。

◀ 针叶一般的亮绿色细茎让狐尾天门冬看上去毛茸茸的，非常有趣。

作者说
The Author's View

龙舌兰和丝兰硬挺的身姿会与狐尾天门冬毛茸茸的外表形成鲜明对比。此外，大戟、薹草等耐旱的植物也很适合与它组合在一起。

左 / 狐尾天门冬与丝兰、薹草、大戟等原生于干燥地区的植物栽种在一起，它们叶子的颜色和形状各不相同，对比鲜明。
右 / 以垂枝北非雪松的灰蓝色垂枝为背景，狐尾天门冬与六出花'夏日清风'、马蒂尼大戟'黑鸟'、蓝蓟等植物相互映衬。

| *Astilbe* 'Chocolate Shogun' |

落新妇‘巧克力将军’

科别：虎耳草科	宽幅：约60cm
类型：多年生落叶草本植物	光照：全日照至半阴
原产地：日本	耐寒性：4 ****
花期：初夏	耐热性：3+++
株高：约80cm	土壤湿度：一般 ~ 较湿润

落新妇‘巧克力将军’继承了日本普通落新妇的基本特征，同时又因其独特的深古铜色叶子在全球各地深受好评。它接近黑色的叶子和于初夏盛开的粉红色花朵共同打造出绝妙的平衡感，让花园看上去更加紧凑，从而营造出极好的视觉效果。许多铜叶植物的叶子在夏季高温下容易褪色，而‘巧克力将军’的叶子在夏季也能维持深色，稳定性出众。这种植物强健且易养护，但必须经历春化才更容易开花，因此要避免将植株放在室内过冬。虽然‘巧克力将军’耐阳光直射，但比起全日照的环境，半阴环境更适合展现它山野草般的柔美之感。

◀‘巧克力将军’深古铜色的叶子和泡沫般的粉色穗状花本身就形成了极佳的对比。

作者说
The Author's View

落新妇‘巧克力将军’的美丽叶色能从春天一直持续到秋天，特别适合用于装饰花园的半阴处。它与土当归‘太阳之王’都是日本的山野草，从这种意义上来说非常相配，同时，它们颜色的对比也能带来不错的视觉冲击。植物的搭配不仅要考虑颜色的对比，还要考虑它们的来源等因素，这样才能让花园更具深意。

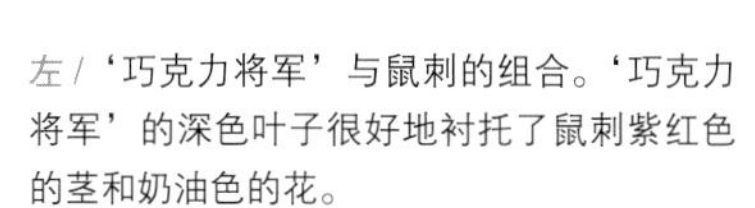

左 / ‘巧克力将军’与鼠刺的组合。‘巧克力将军’的深色叶子很好地衬托了鼠刺紫红色的茎和奶油色的花。
右 / ‘巧克力将军’搭配通脱木、土当归‘太阳之王’、虾蟆花‘塔斯马尼亚天使’等植物，颜色和形状上的对比增强了花园半阴处的视觉效果。

| *Baptisia* 'Cherries Jubilee' |

赛靛花‘樱桃节’

科别：豆科	宽幅：约80cm
类型：多年生落叶草本植物	光照：全日照
原产地：北美洲	耐寒性：4 ****
花期：春季	耐热性：3+++
株高：约90cm	土壤湿度：一般

赛靛花‘樱桃节’拥有豆科植物特有的总状花序，让人极易联想到羽扇豆。它橙褐色的花朵洋溢着时尚而成熟的气息，初开时是紫褐色的，随着时间的推移橙色会逐渐增多，花朵也慢慢变得明亮起来。与在温暖地区很难度夏的羽扇豆不同，无论酷暑还是严寒‘樱桃节’都能适应，培育起来相对容易，非常值得购买。它根系发达，喜欢排水好、养分相对较少的土壤，适合地栽。花后叶子会展开，如果觉得看上去太过拥挤，可在梅雨期修剪枝叶，但要注意叶子不要剪掉太多，剪去枝头的 1/3 左右即可。

◀ 在日本关东地区栽种的‘樱桃节’于 5 月上旬开花，橙褐色的花朵低调优雅。

作者说
The Author's View

赛靛花‘樱桃节’可以与观赏时期重叠的彩叶树和秋植球根花卉组合栽种，它罕见的橙褐色花朵与金色叶子、暗紫色叶子搭配都非常和谐。此外，它与芍药、紫蜜蜡花、贝母等植物也非常配。

左 / ‘樱桃节’初开时浓郁的紫褐色花朵极为雅致。随着时间的推移，花色会向橙色转变。
右 / 金叶红瑞木的金色叶子、紫叶李的紫红色叶子与‘樱桃节’的橙褐色花朵相互映衬。金色与紫红色的绝佳搭配再加上罕见的橙褐色花朵，让整个场景个性十足。‘樱桃节’微泛蓝色的叶子也很美，花后可以作为观叶植物欣赏。

'卡罗来纳月光'的花朵与紫叶蔷薇的灰紫色叶子，以及荚蒾的褐色花蕾和白花搭配在一起很美。淡奶油色与紫色相互映衬，让彼此的特色都更加突出了。

| *Baptisia* 'Carolina Moonlight' |

赛靛花'卡罗来纳月光'

株高：约90cm | 宽幅：约70cm

※其他特性可参考赛靛花'樱桃节'（P30）

赛靛花'卡罗来纳月光'是一个外观雅致的品种，它淡奶油色的花朵能完美地融入春日的庭院，尤其适合和紫叶植物组合栽种。开花前，它的花茎和花蕾呈暗涩的灰紫色，随后从花茎的下方开始逐渐开出奶油色的花，这种随时间变化而产生的美也是看点之一。色调柔和的植物组合到一起会产生一种朦胧感，但也会导致每种植物都不那么显眼，因此在搭配植物的过程中应有意识地利用不同的颜色和形状打造出对比效果。培育方法可参考赛靛花'樱桃节'的相关内容（P30）。

'荷兰巧克力'种植在垂着枝叶的垂枝北非雪松下，与其灰蓝色的叶子和大戟鲜艳的黄花搭配在一起极为和谐。'荷兰巧克力'神秘典雅的气质在亮色的映衬下格外突出。

| *Baptisia* 'Dutch Chocolate' |

赛靛花'荷兰巧克力'

株高：约80cm | 宽幅：约60cm

※其他特性可参考赛靛花'樱桃节'（P30）

赛靛花'荷兰巧克力'拥有不太常见的灰紫色花朵，这种带有神秘气息的花色对园艺师来说有很大的吸引力，强烈地刺激着他们的创作欲。'荷兰巧克力'在茂密的绿叶中极易被埋没，在植物搭配上略有难度，但如果巧妙运用便会展现出惊人的魅力。它可与拥有黄色、淡蓝色、银白色等明亮颜色的植物组合，这会让它们像光和影子一样彼此映衬。培育方法可参考赛靛花'樱桃节'的相关内容（P30）。

Ballota pseudodictamnus

宽萼苏

科别：唇形科	光照：全日照
类型：多年生常绿草本植物	耐寒性：3 ***
原产地：地中海沿岸	耐热性：2++
花期：初夏	土壤湿度：干燥（夏季高温湿度大时需尤其注意）
株高：约50cm	
宽幅：约40cm	

表面长着茸毛的宽萼苏总让人联想到毛毡和法兰绒，其泛白的叶茎与多肉植物、小型观赏草等植物搭配能形成极佳的对比。此外，其造型独特的花，以及形态与金平糖相似的花萼也很美。宽萼苏不耐高温闷热的环境，应种植在排水和通风好的地方，建议用花盆栽种。花后将茎修剪至原高度的一半，新芽会从植株基部生长出来，让植株再一次回归郁郁葱葱的姿态。宽萼苏耐寒性较弱，不适合在寒冷地区种植。

◀ 初夏刚开花的宽萼苏与柔软的金叶薹草、硬挺的龙舌兰搭配在一起十分和谐。

作者说
The Author's View

宽萼苏讨厌高温高湿的环境，栽培时可以尝试复制其原产地地中海沿岸的环境。它很适合与龙舌兰、丝兰，以及地域特色相似的观赏草、大戟、刺芹等植物搭配。

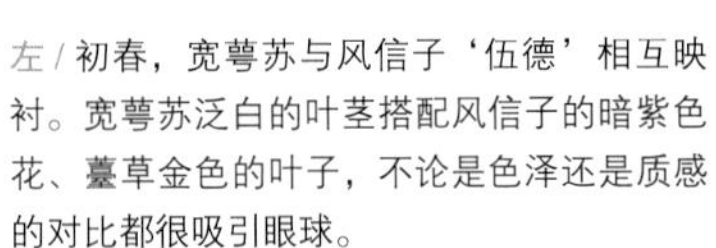

左 / 初春，宽萼苏与风信子‘伍德’相互映衬。宽萼苏泛白的叶茎搭配风信子的暗紫色花、薹草金色的叶子，不论是色泽还是质感的对比都很吸引眼球。

右 / 宽萼苏的叶茎、大布尼狼尾草（东方狼尾草）的白色花穗、刺芹的头状花序，以及海滨两节荠的种荚，共同展现出了干旱地区植物的风姿。

Beschorneria septentrionalis × decosteriana

龙荟兰

科别：天门冬科	日照：全日照
类型：多年生常绿草本植物	耐寒性：2 **
原产地：墨西哥	耐热性：4++++
花期：春季（不会每年开花）	土壤湿度：春季至秋季正常浇水，冬天保持土壤干燥
株高：1.2～3.5m	
宽幅：约1.2m	

龙荟兰灰绿色的剑叶呈莲座状展开，极为吸引眼球。成株的红色花茎可超 3m，春天会开出壮丽的吊钟状花朵。龙荟兰与龙舌兰有些类似，不同之处在于它的叶子很柔软，边缘也没有刺，栽种时不用担心受伤，此外，它也不像龙舌兰一样会在开花后枯萎。龙荟兰原产于墨西哥，喜欢全日照的环境，夏季在肥料和水分充足的情况下长势喜人。它不喜欢潮湿冰冻的环境，因此冬季应减少浇水量，保持土壤干燥；在寒冷地区栽种时，冬季应将植株移入室内防寒。

◀ 龙荟兰巨大的剑叶让人移不开眼球。夏季，可将龙荟兰与不耐寒的光萼荷等植物组合。

作者说
The Author's View

龙荟兰很适合作为热带植物组合的焦点，它和芦荟、美人蕉、班克木等植物搭配的效果都很好，能很好地把景观聚拢。晚春至秋季，可搭配耐寒性较差的观赏凤梨等植物，将热带气息展现到极致。

左 / 龙荟兰有时会在春季抽出高达 3m 的粉色花茎，开花时，花朵基部与花茎的颜色相同，往上呈黄绿色渐变，非常美丽。
右 / 龙荟兰与芦荟、班克木、美人蕉等热带观叶植物的组合。龙荟兰巨大的莲座状身姿营造出一丝非现实的气息。

Billbergia nutans

垂花水塔花

科别：凤梨科	宽幅：约30cm
类型：多年生常绿草本植物	光照：全日照至半阴
原产地：巴西南部	耐寒性：2 **
花期：春季	耐热性：4++++
株高：约40cm	土壤湿度：湿润

水塔花属植物一直以来都以细长的壶形身姿，以及其观叶植物的特性而广为人知。垂花水塔花又名璎珞水塔花，是水塔花属植物的一种，但与观叶品种的形象相差甚远，这种让人惊喜的意外非常有趣。它于昭和时代传入日本，会在春季开出颜色和造型都极其别致的花朵，淡红色的苞片也非常美丽，是一种颇具怀旧感的植物。垂花水塔花在日本关东以南的温暖地区可以在室外越冬，如果叶尖被冻伤，只需在春季修剪枯萎的部分即可。垂花水塔花在光照充足的环境中也能生长，但若能放置于半阴处培育，长势会更好。

◀ 垂花水塔花在春季盛开的花朵，花瓣蓝紫色的边缘与淡红色的苞片对比鲜明。

作者说 The Author's View

垂花水塔花的叶子观赏价值不高，因此更适合与能烘托其独特花朵的观叶植物组合栽种，如紫露草‘甜蜜凯特’、大戟‘火焰之光’，以及叶子色彩鲜艳的枫树等，用这些植物能打造出富有独创性的背阴花园。

左 / 垂花水塔花的全貌。春季花期来临时，其叶尖还残留着冬季冻伤的部分，此时可以用彩叶植物的美丽新叶稍做修饰。

右 / 垂花水塔花与白泽槭‘月升’珊瑚红色的新叶、紫露草‘甜蜜凯特’的金色叶片搭配。白泽槭和紫露草这些很早就引进到日本的植物色彩鲜艳又透着一丝怀旧感。

Crambe maritima

海滨两节荠

科别：十字花科	宽幅：约60cm
类型：多年生落叶草本植物	光照：全日照
原产地：欧洲沿岸	耐寒性：3 ★★★
花期：春季	耐热性：3+++
株高：约60cm	土壤湿度：干燥

英国电影导演德里克·贾曼晚年创作了一本记录自己花园的书《贾曼的花园》，这部作品曾触动了许多园艺师，海滨两节荠也作为欧洲原产的代表性海滨植物出现在书中。它蓬松的大型蓝绿色叶子呈莲座状展开，姿态迷人，春季绽放的白色花朵远看过去仿佛覆盖了整棵植株；花后会结许多种子，在梅雨期到来前观赏性极高，观赏期结束后可从根部切除干枯的花茎和损坏的叶片，以整理株型。海滨两节荠不喜欢高温高湿的环境，因此要做好排水、通风管理。它易生蚜虫，需用杀虫剂防治；成株的根粗壮，极难移植。

◀ 海滨两节荠波浪形的蓝绿色叶子观赏性很强；春季开放的白花会覆盖整株植物，非常美丽。

作者说
The Author's View

为了展现出海滨两节荠叶子的魅力和结种后的独特姿态，应将它栽种在花境的前方。它从开花到结种子的这段时期是主要观赏期，如果四周的植物能和它交替观赏的话就再好不过了。海滨两节荠很适合与鹰爪豆和丝兰等干旱地区生长的植物搭配。

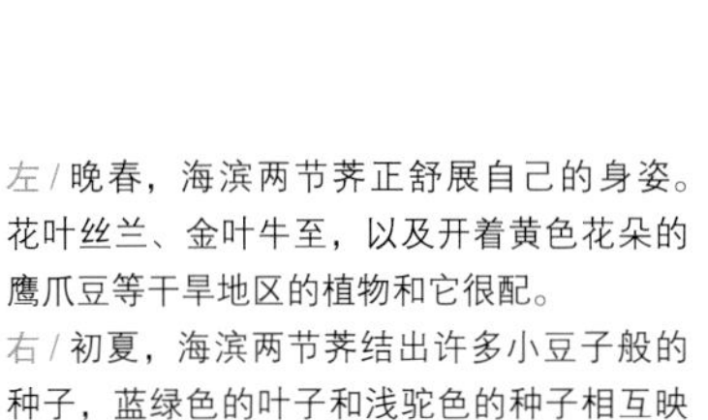

左 / 晚春，海滨两节荠正舒展自己的身姿。花叶丝兰、金叶牛至，以及开着黄色花朵的鹰爪豆等干旱地区的植物和它很配。
右 / 初夏，海滨两节荠结出许多小豆子般的种子，蓝绿色的叶子和浅驼色的种子相互映衬，相得益彰。图中案例将海滨两节荠和火把莲、药百合，以及长着毛茸茸花穗的羽绒狼尾草等形态质感不同的植物进行组合。

| *Campanula* 'Silver Bells' |

风铃草‘银铃’

科别：桔梗科	宽幅：约30cm
类型：多年生落叶草本植物	光照：全日照至半阴
原产地：东亚	耐寒性：4 ****
花期：晚春至初夏	耐热性：2++
株高：约60cm	土壤湿度：一般

风铃草‘银铃’是日本原生风铃草的园艺品种，散发着一种神秘的气息，其金属质感的叶子绿中略微泛紫，和淡紫色的吊钟状花朵在颜色上形成绝佳对比，让人在赏花之余还能观叶。‘银铃’本身很朴素，但根据组合的不同，其展现出的魅力也会大不相同。它的叶子在茎干的低处更加繁茂，因此种植在花境前部更能展现其叶子的魅力；如果种在明亮的地方，它叶子中的紫色会更容易显现，但是强烈的阳光直射会把叶子晒焦，因此最适合明亮的半阴环境。此外，‘银铃’也不耐高温高湿，宜在排水和通风好的地方养护。

◀‘银铃’淡紫色的钟形花和绿中带紫的金属质地的叶子搭配起来，本身就能创造出十分别致的视觉效果。

作者说 The Author's View

‘银铃’本身低调雅致，在与其他植物组合时这种气质尤为突出。它与玉簪及一些叶色明亮的日本山野草搭配可形成明度上的对比，它们的生长环境相似，一起栽种在花园中非常和谐。

左 / ‘银铃’搭配花叶虎杖和玉簪‘六月’等植物，颜色上的对比突出了‘银铃’的秀美，为整个花境平添一分神秘感。
右 / ‘银铃’带金属光泽的泛紫色叶子和略显粗糙的淡紫色花朵。仅在这一种植物中，就可以欣赏到质感与颜色的对比。

‘紫色感觉’的深紫色花搭配六出花‘印第安之夏’的橙色花朵，二者花期一致，颜色又互补，组合在一起相得益彰。

| *Campanula* ‘Purple Sensation’ |

风铃草‘紫色感觉’

*基本特性可参考风铃草‘银铃’（P36）

与‘银铃’一样，‘紫色感觉’也是日本原生风铃草的园艺品种。虽然风铃草在日本十分常见，但像‘紫色感觉’这样能开出大型深紫色吊钟状花朵的品种还是很新奇的，其颇具现代风格的特征让它在世界各地都很受欢迎。作为一种山野草，风铃草原本生长在树林边缘或草原。它喜欢光线明亮的环境，但又怕热，因此，最适合种在排水、通风良好且下午不会受到阳光直射的明亮半阴处。‘紫色感觉’与和风植物栽种在一起不太显眼，若是搭配暖色系的花朵和金叶植物则会在颜色上形成不错的对比，营造出良好的视觉效果。

紫蜜蜡花淡蓝色的苞叶与下垂的深紫色花朵在颜色上形成了绝佳的对比。它与赛靛花的黄色花朵及紫叶酢浆草的暗紫色叶子搭配在一起，颇具梦幻气息。

| *Cerinthe major* ‘Purpurascens’ |

紫蜜蜡花

科别：紫草科
类型：多年生草本植物（部分地区）
原产地：欧洲
花期：春季
株高：约50cm
宽幅：约40cm
光照：半阴
耐寒性：2 **
耐热性：1+
土壤湿度：稍干燥

春天，紫蜜蜡花伸展着花茎，绽放出深紫色的花，身姿妖娆而魅惑，与香雪球、赛靛花等植物的习性相投。它的苞叶由淡蓝色至淡青紫色渐变，蓝绿色的圆形叶子上散布着白色的斑点，搭配彩叶植物可以调和花后的观感。紫蜜蜡花不耐严寒，适合栽种在温暖地区，在日本的气候条件下花后易枯萎。这种植物可以通过种子自播繁殖，秋天需将幼芽移植到适宜位置防寒。

| *Cynanchum yamanakae* |

鹅绒藤

科别：萝藦科	宽幅：约40cm
类型：多年生落叶草本植物	光照：半阴
原产地：日本四国	耐寒性：3 ***
花期：春季	耐热性：3+++
株高：约1m	土壤湿度：一般

鹅绒藤是原产于日本四国的小型藤蔓植物，会开出大量紫红色的星形小花，有着与野生品种不同的雅致。它与春季开花的玫瑰花期吻合，其低沉的色彩与玫瑰靓丽的花色组合在一起，让庭院看起来更具成熟风韵。秋季，鹅绒藤会结出硕大狭长的种荚，羽绒状的种子从裂开的种荚里飞出来，非常有意思。藤蔓难自立，栽种时需要牵引到栅栏上，也可依附着小灌木培育。在日本，鹅绒藤主要在一些山野草专卖店销售，不过数量很少，就算是野生品种也面临着濒临灭绝的困境，是重点保护对象。

◀ 绽放大量紫褐色星形小花的鹅绒藤和荚蒾形成风韵十足的组合。

作者说
The Author's View

玫瑰、芍药等外观豪华的花朵，与鹅绒藤的小花对比突出，搭配在一起会给庭院带来极其精致的设计感。鹅绒藤适合种在阴凉处，但为了不让它显得过分寡淡，要有意识地将它与彩叶植物或者装饰性强的开花植物搭配在一起，打造张弛有度的景致。

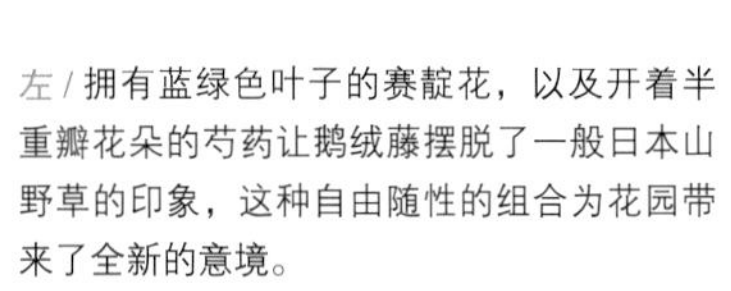

左 / 拥有蓝绿色叶子的赛靛花，以及开着半重瓣花朵的芍药让鹅绒藤摆脱了一般日本山野草的印象，这种自由随性的组合为花园带来了全新的意境。
右 / 鹅绒藤与铁筷子（圣诞玫瑰）'银圆'的灰粉色花朵和常绿的银叶很相称。这个组合素雅而沉稳，既有装饰性又带有一丝颓废的气息。

| *Darmera peltata* |

雨伞草

科别：虎耳草科	宽幅：约80cm
类型：多年生落叶草本植物	光照：半阴至全阴
原产地：北美洲	耐寒性：4 ★★★★
花期：春季	耐热性：2++
株高：约80cm	土壤湿度：湿润

雨伞草原产于北美洲，在全球各地的知名庭园都有种植，它的大叶子总让人联想到蜂斗菜，视觉冲击力十足。雨伞草从发芽到开花仅需很短的时间。初春，它从光秃秃的地面生出芽来，随后花茎迅速抽枝，仅需数日就会绽放粉色的美丽花朵，花后叶子才会逐渐生长出来，整个过程非常奇妙。虽然它喜欢湿润的土壤，但并不太耐高温高湿，强烈的阳光很容易灼伤它的叶片，因此适合在半阴处或全阴处栽种，同时搭配种植地被植物，让土壤湿度保持稳定。

◀春季，雨伞草富于动感的绿叶让背光处的景致显得生机勃勃。

作者说
The Author's View

雨伞草容易让人联想到蜂斗菜等山野草，利用好这一特性进行一些意想不到的组合可以为花园增添独特的魅力。矾根、玉簪、绣球和蕨类植物都是不错的搭配选择。

左 / 雨伞草与荷包牡丹‘金心’、玉簪‘蓝色酒瓢’、矾根‘佐治亚桃子’等春天叶色优美的植物一起成为春季花园的亮点。大胆的跨色组合，减弱了雨伞草的山野草气息。
右 / 雨伞草于早春绽放的花朵。在叶子长出来之前，雨伞草的花茎会先从土里冒出来，它们轻轻摇晃着花蕾，并在极短的时间内绽放粉色的花朵。整个生长过程让人感受到春天植物的蓬勃生命力，奇妙而独具魅力。

| *Dicentra spectabilis* 'Gold Heart' |

荷包牡丹‘金心’

科别：罂粟科	宽幅：约60cm
类型：多年生落叶草本植物	光照：半阴
原产地：中国、朝鲜半岛	耐寒性：4 ****
花期：春季	耐热性：2++
株高：约60cm	土壤湿度：一般

荷包牡丹‘金心’拥有金色的叶子，自古以来就为人们所喜爱，它羽状的优美叶形和夺目的叶色，与花朵保持着绝妙的平衡。‘金心’原生于中国及朝鲜半岛的森林地带，于日本室町时代传入日本，是一种兼备现代气息和怀旧风情的品种，很适合春季的花园。它不耐阳光直射和高温高湿的环境，宜在通风良好的半阴处像山野草一样培育。夏天，‘金心’的地上部分会枯萎进入长期休眠，翌春重新发芽生长。

◀ 荷包牡丹‘金心’像羽毛一样的金色叶子和心形花优雅而独特，与北美云杉的银蓝色叶子很相称。

作者说 The Author's View

春季，荷包牡丹‘金心’可以与同样适合半阴处的彩叶植物大胆组合。形态纤细的荚果蕨和拥有蓝绿色叶片的玉簪‘蓝色酒瓢’能在颜色和形态上与‘金心’形成极佳的对比，共同打造出怀旧感与设计感并存的景致。若是加上紫叶的矾根，就能营造出更好的观感。

左 / 荷包牡丹‘金心’与荚果蕨的组合。虽然都是传统的山野草，但两种植物在颜色和形态上的对比突显了这个组合的设计感。
右 / 荷包牡丹‘金心’搭配玉簪‘蓝色酒瓢’、矾根‘佐治亚桃子’等，它们的颜色跨度大，质感也不尽相同，远看上去显得娇艳水灵。

凤梨百合‘酒红’的深色叶子、鼠尾草‘卡拉多纳’的黑色花茎及暗紫色花朵衬托出了毛地黄‘光明树莓’艳丽的花色，让整个景观张弛有度。

Digitalis × *Digiplexis* ‘Illumination Raspberry’

毛地黄‘光明树莓’

科别：车前科	宽幅：约30cm
类型：多年生半落叶草本植物	光照：全日照至半阴
原产地：欧洲（属间杂交种）	耐寒性：2 **
花期：初夏	耐热性：2++
株高：约70cm	土壤湿度：一般

毛地黄‘光明树莓’是21世纪才诞生的新品种，由普通毛地黄和加那利群岛原产的伊索普雷克斯毛地黄杂交而成。它的花朵外侧带有霓虹灯般的深粉色，内侧呈橙色，花色组合艳丽夺目，继承了伊索普雷克斯毛地黄的热带风情。植株随着时间推移会逐渐木质化，并保持直立的姿态。‘光明树莓’不像普通毛地黄会于花后枯萎，在温暖地区也能栽培。初春，要修剪地上部分，让植株的株型更美。它花色艳丽，适合与暗叶植物搭配，营造色彩上的对比，再加上丝兰和大戟等植物，能打造出充满热带风情的画面。

淫羊藿‘粉精灵’色彩别致的新叶与造型精致的花朵搭配在一起本身就很美。淫羊藿的叶子和花朵充满个性，就算在高级园艺师中人气也很高。

Epimedium ‘Pink Elf’

淫羊藿‘粉精灵’

科别：小檗科	宽幅：约40cm
类型：多年生半落叶草本植物	光照：半阴
原产地：中国	耐寒性：4 ****
花期：早春	耐热性：3+++
株高：约45cm	土壤湿度：湿润

淫羊藿‘粉精灵’是在日本极受欢迎的山野草淫羊藿的园艺品种。初春，它会率先发芽开花，是春季花园中不可或缺的存在。‘粉精灵’的新叶呈奇妙的古铜色，初春绽放精致的铃铛状淡紫色花朵，花与叶保持着良好的平衡；晚春，叶子会变成绿色，此时可作为观叶植物观赏。‘粉精灵’很适合日本的气候，也有常绿的倾向，不过，因为它的新叶特别美，人们一般会在它发芽后剪除全部老叶，让植株重新生长新叶。‘粉精灵’适合与铁筷子、荷包牡丹‘金心’、玉簪等植物组合栽种。

| *Echinacea* ‘Summer Sky’ |

松果菊‘夏日天空’

科别：菊科	宽幅：约30cm
类型：多年生落叶草本植物	光照：全日照
原产地：北美洲	耐寒性：4 ****
花期：夏季	耐热性：3+++
株高：约90cm	土壤湿度：稍干燥

随着时间的推移，松果菊‘夏日天空’的花朵会从珊瑚粉色逐渐转变为如同褪色了一般的复古粉色，它拥有紫褐色的花茎和凛然的高挺的株型，颇具成熟魅力，不论是自然风还是现代风花园都能很好地融入。松果菊的改良品种很多，其中不乏流行过也淘汰过的品种，‘夏日天空’在日本也因产量减少而变得不那么多见了。总体来说，这是一个经过了时间考验的品种，它抗性较强，但不喜欢高温高湿的环境，适宜排水、通风良好的地方。倘若光照不好，花色就会变得难看，因此最好种在向阳处。花后可以反复修剪花茎。

◀‘夏日天空’花茎的紫褐色很显眼，花朵初开时的珊瑚粉色非常美。

作者说
The Author's View

松果菊是许多园艺师常用的素材，因此在品种的选择上要讲究一些才能增强自己的独创性。‘夏日天空’原产北美洲的干旱地区，与灰蓝色的龙舌兰等野性十足的植物搭配时，会让它奇妙的珊瑚粉色花朵更引人瞩目。

左 / ‘夏日天空’开花后期有些褪色的粉色也很美丽，适合搭配块根糙苏、墨西哥羽毛草等宿根草，给人以柔和的印象；再加上龙舌兰、露兜叶刺芹等观叶植物，可以打造出色彩丰富的景观。
右 / 松果菊中呈朱红色花色的品种‘火热夏日’和垂序商陆‘单面煎蛋’、紫叶芙蓉葵、火把莲等植物搭配，让花园充满怀旧的夏日风情。

与单瓣松果菊不同，‘热木瓜’的花姿顽皮有趣，与形态相似的堆心菊‘马尔迪格拉斯’搭配，能很好地展现出田园牧歌式的夏日风情。

| *Echinacea* ‘Hot Papaya’ |

松果菊‘热木瓜’

株高：约70cm	宽幅：约30cm

※其他特性可参考松果菊‘夏日天空’（P42）

松果菊‘热木瓜’颜色鲜艳的半重瓣花朵让夏日的气氛高涨，季节感十足。由花瓣化的花蕊和外侧下垂的花瓣组成的花朵娇美可爱，初开时为橘红色，随着时间的推移，红色会逐渐增强，与堆心菊、芙蓉葵等具有怀旧风的夏日花卉很配。重瓣松果菊和单瓣松果菊一样，盛行而富有魅力的品种层出不穷，大家可以试着挑选自己喜欢的品种栽种，而不是局限于本书中介绍的这些。培育方法可参考松果菊‘夏日天空’的相关内容（P42）。

好望角竹灯草与牡丹‘火祭’、软树蕨等植物打造的跨国组合，让景观洋溢着异国情调。

| *Elegia capensis* |

好望角竹灯草

科别：帚灯草科	宽幅：约1.5m
类型：多年生常绿草本植物	光照：全日照
原产地：南非	耐寒性：2 **
花期：夏天	耐热性：4++++
株高：约2m	土壤湿度：一般至较湿润

好望角竹灯草有节的茎上会生长出蓬松的枝条，外形与木贼有些相似，是原产于南非的稀有植物。它散发着一种奇特的气息，为花境添加了一丝异国情调。好望角竹灯草总体来说比较强健，适合地栽。盆栽可控制株高，让株型更紧凑；也可以搭配马蹄莲、花菖蒲、美人蕉等演绎水边风情。不过，由于好望角竹灯草原生于南非水分充足的地方，干燥缺水会让植株严重受损。

| *Ensete ventricosum* 'Maurelii' |

红粗柄象腿蕉

科别：芭蕉科	宽幅：约2m
类型：多年生常绿草本植物	日照：全日照
原产地：东非	耐寒性：1★
花期：不详（一般不开花，开花后植株枯萎）	耐热性：4++++
株高：约3m	土壤湿度：夏季湿润，冬季干燥

红粗柄象腿蕉巨大的叶子存在感突出，叶子背面和叶柄的颜色也独具魅力。它的叶子虽大但直立性好，不易倒伏，让人感到很稳重；叶子正面是绿色的，背面则呈红褐色，非常时尚，很适合与洋溢着夏日风情的植物搭配栽种。如果想让红粗柄象腿蕉的叶色变深，需要为它提供充足的光照。它的叶子容易被强风刮破，因此在避风的地方培育为宜。夏季，充足的肥料和水分能促进植株生长。由于红粗柄象腿蕉耐寒性弱，在寒冷地区可以用大型花盆栽种，春季至秋季将它放在室外养护，冬季将其移入室内作为观叶植物欣赏。冬季植株会暂停生长，此时要控制浇水量。

◀ 红粗柄象腿蕉巨大的叶子散发出强烈的存在感，叶子背面和叶柄的红褐色则为植株增添了一分妖艳感。

作者说
The Author's View

红粗柄象腿蕉巨大的叶子使之成为庭院夏、秋两季当之无愧的主角，搭配龙舌兰、长叶稠丝兰（墨西哥草树）等植物，可以营造出不错的夏日气息；与观赏草、泽兰等植物组合栽种，则会让景观变得紧凑有致。

左 / 红粗柄象腿蕉与美人蕉'穆萨佛利亚'、龙舌兰等热带植物一起打造的夏天组合。红粗柄象腿蕉以其富于观赏性的株型，总揽整个景观，成为视线焦点。
右 / 红粗柄象腿蕉与姿态不同的主角级植物长叶稠丝兰形成对比，进一步增强视觉冲击力。

| *Eryngium* × *zabelii* 'Neptune's Gold' |

刺芹‘海神金’

科别：伞形科	宽幅：约30cm
类型：多年生半落叶草本植物	光照：半阴
原产地：欧洲	耐寒性：4 ****
花期：初夏	耐热性：2++
株高：约60cm	土壤湿度：稍干燥

刺芹‘海神金’在世界各地的名园中都很常见。它的花朵会从初期的白色逐渐变为黄绿色，最后转变为蓝紫色，配上柠檬黄色的美丽叶片，以及蓝色的花茎和精致的苞片，营造出梦幻般的氛围。刺芹的大花品种本不适合在温暖地区栽种，但‘海神金’由大花品种和耐热性出色的原种杂交而成，因此与普通刺芹相比耐热性得到了一定的改善。虽然如此，但‘海神金’依然不喜欢高温高湿的环境，应尽量在排水和通风良好的地方养护，花后要修剪花茎让植株恢复生机。

◀ 刺芹‘海神金’柠檬黄色的叶子加上如工艺品一般精致的苞片及蓝紫色的美丽花朵与花茎，非常梦幻。

作者说
The Author's View

‘海神金’很适宜和鸢尾花、紫蜜蜡花、大戟、绿松石菖蒲等颜色独特又耐旱的植物搭配，这种组合能将其花朵的造型美和梦幻色彩发挥到极致。为了弥补‘海神金’花期之外的观赏性，也可以将它与观叶植物搭配在一起。

左 / ‘海神金’开花初期，花朵中的白色和黄绿色很抢眼，随着时间的推移，花色会向蓝紫色转变，与赛靛花‘淡黄’很配。
右 / 这个组合中汇聚了刺芹‘海神金’、天南星、绿松石菖蒲等颜色和质感都很独特的植物，打造出梦幻般的景观。

Eryngium yuccifolium

丝兰叶刺芹

科别：伞形科
类型：多年生落叶草本植物
原产地：美国
花期：夏季
株高：约1.2m
宽幅：约45cm

光照：全日照
耐寒性：4 ****
耐热性：2++
土壤湿度：稍干燥，注意不可完全断水

与大多伞形科植物不同，丝兰叶刺芹拥有细长的平叶，叶片边缘带有细小的刺，白色的头状花序兼具几何美和装饰性。它初夏开花，秋季会生出暗褐色枯萎的种荚，观赏期很长。丝兰叶刺芹喜欢有全日照、稍干燥的环境，但是它的根部不能太过缺水，否则会严重受损，因此种植的地方和水量的把控都很重要。地栽时，土壤不会完全干燥，养护相对容易，注意不要密植，这样容易把植株闷坏。幼苗应在花后修剪花茎，不让植株结子，促进植株分枝。

◀ 丝兰叶刺芹的株型让人联想到丝兰和观赏草，有干旱地区植物的影子，适合搭配宽萼苏。

作者说
The Author's View

丝兰叶刺芹样子介于观赏草和丝兰之间，既能观叶又能赏花，可根据不同季节的特性更换搭配的植物。与各种观赏草的花穗组合时，植物形态上的对比会更加突出。

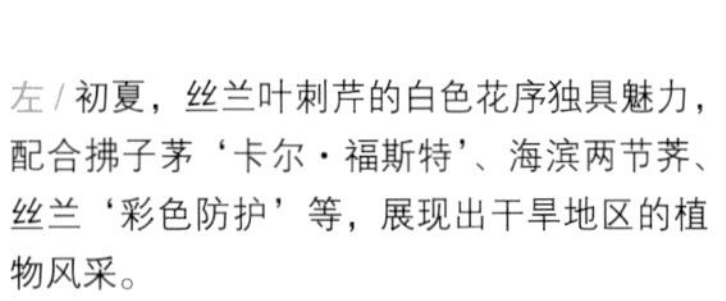

左 / 初夏，丝兰叶刺芹的白色花序独具魅力，配合拂子茅‘卡尔·福斯特’、海滨两节荠、丝兰‘彩色防护’等，展现出干旱地区的植物风采。
右 / 丝兰叶刺芹的花朵逐渐转变成暗褐色，从夏季到秋季都具有很强的观赏性。将它搭配狼尾草、柳枝稷等，形态上的对比让其看起来帅气十足。

锯叶刺芹与堆心菊和萱草‘巫毒舞者’等植物栽种在一起，展现出浓厚的混搭风格。

| *Eryngium agavifolium* |

锯叶刺芹

科别：伞形科	宽幅：约70cm
类型：多年生落叶草本植物	光照：全日照
原产地：阿根廷	耐寒性：4 ****
花期：初夏	耐热性：4++++
株高：0.4～1.2m	土壤湿度：一般

锯叶刺芹拥有龙舌兰般的叶子，虽然热带气息浓厚，却具有耐寒性，很适合为寒冷地区添加一些异国情调。它初夏会生长出椭圆球状的白色花序，花期之外，可以欣赏莲座状的叶子，配置在花境的前方最佳。锯叶刺芹叶缘的刺很危险，挑选栽种场所时要考虑到这一点，以免伤到观赏者。它喜欢阳光，但与多肉植物不同，无法忍受土壤干燥，夏季要尤其注意补水。与宿根植物搭配，可突显锯叶刺芹独特的气质，让景观显得意趣盎然；和热带植物搭配也很和谐。

露兜叶刺芹喷泉状的柔软叶子极具观赏性，与帚灯草、丝兰等植物种植在兼具排水性和保水性的地方，可以营造出野外粗犷的气氛。

| *Eryngium pandanifolium* |

露兜叶刺芹

原产地：阿根廷、巴西	宽幅：约1.5m
花期：夏季	耐寒性：2**
株高：1～2.4m	耐热性：4++++

※其他特性可参考锯叶刺芹（P47）

露兜叶刺芹柔软的长叶野性十足，叶缘有刺，巨大的株型赋予了它独特魅力。它的形态在伞形科植物中绝无仅有，蓬勃茂盛的叶子非常引人注目。夏季，露兜叶刺芹的花朵会在高达2m的花茎顶端壮丽地绽放，有些像放大版的地榆的暗红色花朵。它可以用作宿根花园里独具一格的焦点，也可以为热带风的花境增添一些动态和野趣。培育方法可参考锯叶刺芹的相关内容（P47）。

| *Euphorbia griffithii* 'Fireglow' |

圆苞大戟‘火红’

科别：大戟科	宽幅：约60cm
类型：多年生落叶草本植物	光照：半阴
原产地：喜马拉雅山区、中国东南部	耐寒性：4 ****
花期：春季	耐热性：2++
株高：约60cm	土壤湿度：湿润

圆苞大戟‘火红’暗红的茎干、翠绿的叶子和橙色的花朵（苞片）对比异常美丽，虽是观赏植物，但也颇具野趣，是一个极富魅力的品种。它充满生命力的嫩芽，以及为庭院添色的艳丽花朵，观赏价值很高。圆苞大戟‘火红’原生于山林，不喜欢干燥的土壤和强烈的直射阳光，最好种植在排水性好，但又有一定保水性的半阴处。花后，植株茎干会因过长变得容易倒伏，因此应在梅雨期将茎干修剪到距离基部约 10cm 处，之后会有大量新芽发出，让株型保持整齐的同时，使植株恢复生机。大戟科植物受伤后，伤口会流出乳液，这种乳液可能会导致皮肤发炎，修剪时要注意。

◀圆苞大戟‘火红’鲜艳的橙色花朵与绿叶相互衬托。

作者说
The Author's View

将圆苞大戟‘火红’与紫萁等蕨类植物、芍药，以及拥有彩色叶子的槭树组合起来，可以营造出美艳而神秘的气氛。它橙色的花朵和花葱、克美莲等植物紫色系的花朵很搭。

左 / 圆苞大戟‘火红’搭配芍药‘珊瑚魅力’、通脱木等形成的组合。此外，利用‘火红’与地中海沿岸地区原产的耐旱大戟之间不同的特性，可以打造出跨地域的迷人景致。
右 / 圆苞大戟‘火红’与白泽槭‘月升’、欧紫萁、埃比胡颓子等植物的组合。‘火红’的花期正好和其他植物叶子色彩最为鲜艳的时期重合，它们可以共同演绎出让人印象深刻的春日景观。

扁桃叶大戟‘冰霜火焰’奶油色的花朵和彩叶形成很好的对比，与紫蜜蜡花蓝绿色的叶子、桂竹香‘巴尔凯诺’暗红色的花朵、马蒂尼大戟‘黑鸟’的暗色叶子搭配，可以让花境更具梦幻效果。

| *Euphorbia amygdaloides* ‘Frosted Flame’ |

扁桃叶大戟‘冰霜火焰’

科别：大戟科	光照：半阴
类型：多年生常绿草本植物	耐寒性：4 ****
原产地：欧洲	耐热性：2++
花期：春季	土壤湿度：湿润（但须保证土壤排水性好）
株高：约45cm	
宽幅：约25cm	

扁桃叶大戟‘冰霜火焰’的叶子淡粉中带一些灰绿色，边缘呈奶油色，与春天绽放的奶油色花朵形成绝妙的平衡。它是常绿品种，冬天叶子的底色会变成灰紫色，边缘带有鲜艳的紫红色，让冬天至春天的庭院充满梦幻色彩。它与紫蜜蜡花、花葱等植物很配，不耐高温高湿，同时还要避免阳光直射，在排水性好的半阴处栽种为佳。如果一直开花，植株会迅速老化，最好在花后把花茎切短，让植株从基部重新生发新芽。

多色大戟‘篝火’奇妙的紫叶和灿烂的黄花对比很美，搭配观赏期同为春季的扁桃叶大戟‘冰霜火焰’、金叶日本小檗，可以打造出动人的春日景观。

| *Euphorbia polychroma* ‘Bonfire’ |

多色大戟‘篝火’

科别：大戟科	光照：半阴
类型：多年生落叶草本植物	耐寒性：4 ****
原产地：欧洲东南部	耐热性：1++
花期：春季	土壤湿度：湿润（但须保证土壤排水性好）
株高：约25cm	
宽幅：约25cm	

多色大戟‘篝火’茸毛质感的铜叶与“闪闪发光”的黄花对比鲜明。它体形较小，茂密丛生的株型很美。春季，‘篝火’发芽、开花期间颜色非常引人注目，搭配景天的灰紫色叶子、紫蜜蜡花的青紫色花朵，以及可以提供互补色的金叶日本小檗等，能突出景观的观赏性。‘篝火’不耐高温高湿，宜在凉爽通风的地方栽培。培育方法可参考扁桃叶大戟‘冰霜火焰’的相关内容（P49）。

Euphorbia × *martinii* ‘Black Bird’

马蒂尼大戟‘黑鸟’

科别：大戟科	宽幅：约30cm
类型：多年生常绿草本植物	日照：全日照
原产地：地中海沿岸	耐寒性：3 ★★★★
花期：春季	耐热性：3+++
株高：约40cm	土壤湿度：干燥

马蒂尼大戟‘黑鸟’乍一看有些像多肉植物，绿中透紫的茎叶魅惑而美丽，再加上春季盛开的花朵，为花境增添了几分时尚感。马蒂尼大戟适合在向阳处栽种，而‘黑鸟’是其中罕见的铜叶品种，叶子色彩浓厚，是欣赏性很高的观叶植物。花后如果放任不管的话，植株下部叶子会逐渐枯萎，让株型显得凌乱，同时也会缩短植株的寿命。要想避免这种情况发生，应该在花后（在日本关东地区 5 月初），将花茎回剪至植株基部的芽点上方，促进新芽生长。它不耐高温高湿，养护时应注意保持土壤干燥。

◀ 马蒂尼大戟‘黑鸟’春季绽放的花朵。花朵与茎叶属同色系，深沉又古典。

作者说
The Author's View

马蒂尼大戟‘黑鸟’最适合阳光充足之处，可作为垂枝北非雪松的前景，与龙舌兰、蓝蓟、狐尾天门冬等原生于干燥地区的植物组合，打造出颜色、质感对比鲜明的景观。

左 / 马蒂尼大戟‘黑鸟’搭配垂枝北非雪松、龙舌兰、蓝蓟、黑叶大戟等，让花园看上去富于变化，不单调。
右 / 晚秋，马蒂尼大戟‘黑鸟’的花朵已经凋谢，但仍然保有深沉的颜色和极具装饰感的株型，让花境看点十足。

春季，挺叶大戟与龙舌兰、硬毛百脉根‘硫黄’搭配。蓝绿色和黄色的绝佳搭配让人着迷。

Euphorbia rigida

挺叶大戟

原产地：地中海沿岸	宽幅：约30cm
花期：春季	耐寒性：3***
株高：约40cm	耐热性：3+++

※其他特性可参考马蒂尼大戟‘黑鸟’（P50）

挺叶大戟姿态灵动而独特，是颇具几何美感的小型品种。它肉质的粗茎上，蓝绿色的叶子呈螺旋状生长，叶子和春季绽放枝头的黄色花朵对比鲜明。有趣的是，挺叶大戟蓝绿色的叶子遇冷会泛粉红色，很适合装扮冬季的庭院。它原生于地中海沿岸地区，很难适应高温潮湿的环境，因此最好栽种在凉爽的地方。挺叶大戟搭配喜好干燥环境的龙舌兰、丝兰等植物，可以让花园增添一些动感；此外，也可以与多肉植物做成组合盆栽来欣赏。花后，从新芽上方将花茎剪掉，促进新芽生长。

黑叶大戟与绿玉树‘火焰棒’、龙舌兰、蜜花搭配，打造出颜色和造型变化丰富的热带风景观。

Euphorbia stygiana

黑叶大戟

原产地：亚速尔群岛	宽幅：约60cm
花期：春季	耐寒性：2**
株高：约1m	耐热性：3+++

※其他特性可参考马蒂尼大戟‘黑鸟’（P50）

黑叶大戟原生于北大西洋中东部的亚速尔群岛，是濒临灭绝的稀有品种。当它下部的叶子枯萎时，其肉质的粗枝会分为数枝生长，形成树状，鲜绿的叶子在枝头呈莲座状展开，姿态清秀奇妙，很是吸引眼球。黑叶大戟在日本很难开花，如果开花了，需要在花后将花茎修剪掉，促进基部的新芽生长。它原生于温暖干燥的地方，不耐高温高湿，栽种时要选择排水和通风好的地方，尽量复制其原生环境。黑叶大戟可以和对生长环境要求类似的热带植物搭配，形成多种多样的组合。

Euphorbia tirucalli 'Sticks On Fire'

绿玉树‘火焰棒’

科别：大戟科	宽幅：约1.5m
类型：多年生常绿草本植物	光照：全日照
原产地：非洲热带地区	耐寒性：1 *
花期：不定期	耐热性：4++++
株高：约2.5m	土壤湿度：干燥

绿玉树‘火焰棒’叶小不显眼，只有肉质枝条生长茂盛。它的枝条颜色非常美丽，枝头为珊瑚色夹杂橙色，散发出独特的魅力。春、秋两季，‘火焰棒’枝条中的橙色很浓，夏季会变成黄色。充足的日照能让枝条颜色更鲜艳，如若不能满足这一点，颜色会比较暗淡，枝条还会徒长，影响整棵植株的美感。‘火焰棒’耐寒性较弱，适合种在花盆里，春季至秋季可以将花盆放置在庭院中，冬季则要搬回室内作为观叶植物观赏。在10℃以下的环境中必须控水；温度适宜时，则要充分浇水和施肥，促进植株生长。

◀ 秋天，绿玉树‘火焰棒’与地涌金莲巨大的叶子等搭配起来很美。

作者说
The Author's View

春季至秋季的庭园中，可以把绿玉树‘火焰棒’用作焦点，展现出它如同珊瑚般的形状和奇特色彩。将‘火焰棒’与灰蓝色的龙舌兰搭配能充分展现它们颜色上的对比，大胆地表现出多肉植物的魅力；‘火焰棒’和美人蕉、地涌金莲等热带植物栽种在一起，则能打造出色彩多样的组合。

左 / ‘火焰棒’与美人蕉‘澳大利亚’、龙舌兰等颜色较暗的热带植物搭配，明暗对比非常有趣。

右 / ‘火焰棒’搭配龙舌兰、大戟等颜色和质感不同的植物，道路两边栽种了芍药‘火祭’和帚灯草等喜欢水的植物。这处景观将喜欢不同环境的植物进行对比，营造出非常奇妙的画面。

Eupatorium dubium 'Little Joe'

泽兰‘小乔’

科别：菊科	宽幅：约60cm
类型：多年生落叶草本植物	日照：全日照至半阴
原产地：美国东部	耐寒性：4 ****
花期：夏季至秋季	耐热性：3+++
株高：约1.3m	土壤湿度：稍湿润

暗红色的茎、颇具成熟韵味的紫粉色花朵和质感粗糙的叶子，造就了这个魅力十足的品种。泽兰‘小乔’茎干坚实，直立性强，花房整齐好看，形态秀逸匀称，紧凑而不松散，在植物众多的夏季庭院中也极为突出。它春季发芽的时间较晚，在日本关东地区有可能4月末左右才发芽。它的耐寒性和耐热性都很强，夏季生长期需要大量水分，最好在略微潮湿的土壤中养护，土壤干燥容易导致植株枯萎。除了这个弱点外，‘小乔’总体来说是很强健的，养护起来很容易。初夏和冬季要为植株施肥，此外，冬季还要修剪枯萎的部分。

◀ 泽兰‘小乔’深色的茎、成熟美丽的花，以及叶子的纹理，让整个植株看上去均衡而秀美。

作者说
The Author's View

‘小乔’是夏秋花园或花坛中的亮点，它暗红色的茎和整齐的株型让景观更加紧凑，非常引人注目。它和堆心菊等夏季常见花卉及柳枝稷非常相配，拥有黄金叶或蓝绿色叶子的植物能突出‘小乔’茎干的颜色。

左 / 泽兰‘小乔’搭配芦竹‘黄金链’和蜜花等动感十足的植物，形态和颜色上的对比让景观既充满野趣，又颇具视觉冲击力。
右 / 左图的延伸。画面中又加入了凤梨百合、火星花（雄黄兰）和赛靛花，让景观显得热闹非凡。泽兰‘小乔’整齐而纤细的身姿则让画面张弛有度。

◀ 花叶虎杖春季的新叶特别美丽，适宜与紫叶蔷薇、天目琼花（鸡树条）组合。

Fallopia japonica 'Variegata'

花叶虎杖

科别：蓼科	宽幅：约1m
类型：多年生落叶草本植物	光照：半阴
原产地：日本	耐寒性：4 ****
花期：夏季	耐热性：3+++
株高：约1.2m	土壤湿度：稍湿润

花叶虎杖原生于日本，而后逐渐得到世界各地园艺师的认可。它拥有粉红色的茎和叶柄，带白斑的桃形叶子美丽茂盛，秋季的黄叶观赏价值也很高。春季，花叶虎杖的新叶上密密麻麻地染上了白斑，远远看去像是白叶；初夏以后，叶片中的绿色增多，大片白斑转化为散落的斑点，增强了叶片本身颜色的对比。如果在庭院中种植花叶虎杖，可以培育出迥异于它山野草形象的壮丽姿态。花叶虎杖不耐干燥，下午的直射光会灼伤叶片，宜在湿润的半阴处养护。

作者说
The Author's View

花叶虎杖的主要观赏期是春季，此时其斑叶中透着新绿，可以与观赏期类似的彩叶灌木搭配。它在简单的和风景观中容易被忽视，因此可以选择颜色对比强烈的植物进行大胆的组合，更好地突出它的斑叶和粉色的茎。

左 / 花叶虎杖搭配黄栌（烟树）'金奖章'、天目琼花形成的景观。5月，花园中汇集了各种美丽的叶色，这样的搭配与平凡的日式风格不同，色彩跨度大，更引人注目。
右 / 花叶虎杖秋天的叶子。明亮的黄叶上残留着些许白斑，这是独属深秋的美。

晚春，赛菊芋‘夏日粉红’搭配风铃草‘紫色感觉’和六出花‘印第安之夏’。初夏过后，可以欣赏到‘夏日粉红’深色的花茎和黄色花朵的对比。

Heliopsis 'Summer Pink'

赛菊芋‘夏日粉红’

科别：菊科	宽幅：约40cm
类型：多年生落叶草本植物	光照：半阴
原产地：北美洲东部	耐寒性：3 ***
花期：初夏至秋季	耐热性：2++
株高：约50cm	土壤湿度：一般

赛菊芋‘夏日粉红’是一个优点众多的品种，它的叶子白中带粉，与暗色的叶脉和紫褐色的茎对比鲜明。晚春，‘夏日粉红’的叶色尤其美丽，是主要观赏期，适合与彩叶植物、芍药等组合栽种。初夏过后，植株叶子中的白色会变淡，绽放如同小型向日葵一般的黄花。‘夏日粉红’白色的叶面容易晒伤，最好在明亮的半阴处养护，但日照太少会导致植株徒长，深色的叶脉也很难展现出魅力，因此在地点选择上要特别留心。除此之外，‘夏日粉红’总体来说很皮实，养护也比较容易。

铁筷子‘银刀’与紫堇‘莓果刺激’的金色叶片和绣球‘纱织小姐’的黑叶搭配。罕见的叶色形成强烈的对比，打造出充满视觉冲击的景观。

Helleborus 'Silver Knife'

铁筷子‘银刀’

科别：毛茛科	宽幅：约30cm
类型：多年生常绿草本植物	光照：半阴
原产地：科西嘉岛等	耐寒性：3 ***
花期：早春	耐热性：2++
株高：约30cm	土壤湿度：排水性好

铁筷子‘银刀’青瓷一般的灰蓝色叶片上密布着装饰性极佳的叶脉，散发出不同寻常的气息。‘银刀’由科西嘉岛原生铁筷子杂交而成，在继承原种特征的同时，又带有一丝与众不同的梦幻色彩。它拥有一年四季都可以欣赏的美丽叶子，花朵在黄绿色中隐约透出一抹暗红色，与奇妙的叶色形成绝妙的对比。‘银刀’不耐高温高湿，最好种在排水好的半阴处。观赏完其色彩独特的萼片后，就可以把花茎剪掉了。在植株的新芽和根部生长旺盛的春秋季，可以为它施一些缓释肥。

| *Helenium* 'Mardi Gras' |

堆心菊‘马尔迪格拉斯’

科别：菊科	宽幅：约30cm
类型：多年生落叶草本植物	光照：全日照
原产地：北美洲	耐寒性：4 ****
花期：初夏至初秋	耐热性：4++++
株高：约70cm	土壤湿度：一般

堆心菊‘马尔迪格拉斯’可爱的花朵初开时为橙色，随着时间的推移和气温变化，黄色会逐渐增加，非常有趣。它株型整齐美观，不会过分生长，应用在花园中时应尽量发挥它的怀旧风。‘马尔迪格拉斯’很适合日本的气候环境，生长期需水量大，盆栽的话，夏天中午要关注土壤是否已经干透；地栽可使其茁壮生长，养护起来也更轻松。花后应尽早剪掉1/3左右的茎干，促使植株继续抽枝开花。

◀ 堆心菊‘马尔迪格拉斯’搭配鼠尾草‘金冠’的金叶和柳枝稷‘双蓝色’的蓝绿色叶子，让花园洋溢着野趣，又色彩缤纷。搭配彩叶植物可以弥补‘马尔迪格拉斯’在花期外的不足。

作者说
The Author's View

‘马尔迪格拉斯’的花形独特，兼具怀旧风和现代感，但如果只与带花的植物搭配，很容易让花园充满乡土气息。可以尝试将它与带花穗的观赏草搭配，进行形态上对比；或是穿插栽种到彩叶植物中，为花园添加一些创意。

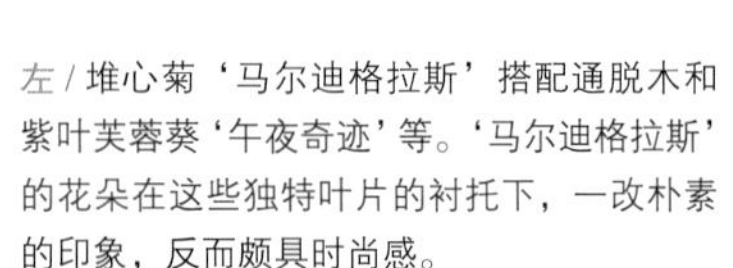

左 / 堆心菊‘马尔迪格拉斯’搭配通脱木和紫叶芙蓉葵‘午夜奇迹’等。‘马尔迪格拉斯’的花朵在这些独特叶片的衬托下，一改朴素的印象，反而颇具时尚感。

右 / 堆心菊‘马尔迪格拉斯’与充满夏日风情的松果菊‘热木瓜’在颜色上的对比非常吸引眼球。这个独具夏季特色的景观中，还加入了凤梨百合‘酒红’和赛靛花。

堆心菊‘莫尔海姆美人’的花朵搭配垂序商陆‘单面煎蛋’的金叶。‘莫尔海姆美人’给人朴素的感觉，结合现代风格的园艺品种让花境显得分外精致。

Helenium 'Moerheim Beauty'

堆心菊‘莫尔海姆美人’

株高：约60cm | 宽幅：约25cm

※其他特性可参考堆心菊‘马尔迪格拉斯’（P56）

堆心菊‘莫尔海姆美人’的红褐色花朵洋溢着成熟稳重的气息，能为花境添彩不少，荷兰园艺师皮埃特·乌道夫也很喜欢它。‘莫尔海姆美人’的株型规整且不太大，花色很有特色，干练又迷人，即使与各种宿根草组合栽种也不会被埋没。可以将它与彩叶植物和墨西哥羽毛草搭配，打造出色彩丰富的景观；配合卷丹百合、芙蓉葵等带有怀旧气息的园艺品种也很有趣。培育方法可参考堆心菊‘马尔迪格拉斯’的相关内容（P56）。

‘秋日棒棒糖’的球状花蕊是视觉的焦点，墨西哥羽毛草、蛇鞭菊、松果菊‘夏日天空’等共同构成了景观的背景。

Helenium puberulum 'Autumn Lollipop'

堆心菊‘秋日棒棒糖’

株高：约60cm | 宽幅：约30cm

※其他特性可参考堆心菊‘马尔迪格拉斯’（P56）

‘秋日棒棒糖’拥有堆心菊特有的下垂花瓣，与普通堆心菊不同的是，它的花瓣极小，反而是球状的花蕊格外显眼，装饰性很强。可以将‘秋日棒棒糖’和造型独特的植物组合在一起，以突出它的特点。把它与松果菊、蓍草、蛇鞭菊等颜色和形状对比鲜明的装饰性花卉搭配，或是与观赏期从初夏一直延伸到秋季的羽毛草、狼尾草等观赏草组合栽种，野趣盎然之余，又突出了植物形态和色彩上的美。此外，‘秋日棒棒糖’还可以作为连接质感硬挺的龙舌兰等植物和柔软的宿根草之间的过渡带植物栽种。培育方法可参考堆心菊‘马尔迪格拉斯’的相关内容（P56）。

| *Hemerocallis* 'Free Wheelin' |

萱草‘自由轮’

科别：百合科	宽幅：约50cm
类型：多年生落叶草本植物	光照：全日照至半阴
原产地：东亚地区	耐寒性：4 ★★★★
花期：夏季	耐热性：4++++
株高：约80cm	土壤湿度：一般

萱草‘自由轮’盛开的大型花朵颜色鲜明且引人注目，细长的花瓣向外展开呈V字，远看有些像蜘蛛，非常独特。花朵在黄色中带一抹酒红色，兼具野趣和设计感，与普通的萱草截然不同。虽然‘自由轮’的花只能维持一天，但大量花朵相继盛开，让观赏者仍能长期欣赏到它的美。注意，花后要及时去除残花，以维持景观的美感。‘自由轮’很适合日本的气候环境，易于养护，不过新叶和花蕾上容易生蚜虫，春夏可用杀虫药除虫。‘自由轮’的根系生长力旺盛，不适合盆栽；地栽不但省事，而且会让植株长势更好，花朵个头儿更大，数量更多。

◀‘自由轮’花瓣细长，虽然是大型花，却给人轻盈的感觉，适宜与铜叶和黄花搭配。

作者说
The Author's View

与‘自由轮’让人印象深刻的花相比，它的叶子观赏性极低，建议将它栽种在花境的中部，与叶子好看的植物搭配，突显其花朵的个性。‘自由轮’与堆心菊、观赏草等带有乡土气息的植物很搭，夏季要注意颜色搭配不要太过艳丽。

左 / 萱草‘自由轮’搭配博落回和铜叶芙蓉葵‘午夜奇迹’，‘自由轮’叶子观赏性低的问题得到了解决。
右 / 萱草‘自由轮’的花与芦竹‘金链’的条纹叶子中都有黄色，在夏季给人清爽又充满生机的感觉。

'巫毒舞者'与耀眼的黄花堆心菊搭配，形成光和影般的对比组合，让人印象深刻。

| *Hemerocallis* 'Voodoo Dancer' |

萱草'巫毒舞者'

株高：约60cm | 宽幅：约40cm

※其他特性可参考萱草'自由轮'（P58）

萱草'巫毒舞者'深褐色的花朵散发着黑暗的气息，非常迷人，质感十足的花形和黄色的花蕊也很美。和夏季的宿根草搭配在一起时，'巫毒舞者'深色的花朵为画面添加了一分成熟感，让景观看上去更加紧凑。和其他萱草一样，'巫毒舞者'的叶子观赏性很低，因此要将它巧妙地与观叶植物组合，突出它的花朵，搭配时要注意颜色和质感上的对比。培育方法可参考萱草'自由轮'的相关内容（P58）。

小花红丝兰搭配拥有金色叶子的千层金和山龙眼等，它独特的珊瑚色花蕾艳丽夺目。质感和原生地完全不同的植物组合在一起，打造出独一无二的景致。

| *Hesperaloe parviflora* |

小花红丝兰

科别：龙舌兰科
类型：多年生常绿草本植物
原产地：墨西哥
花期：夏季
株高：0.5～2m
宽幅：约50cm

光照：全日照
耐寒性：3 ***
耐热性：4++++
土壤湿度：春季至秋季正常浇水，冬天保持土壤干燥

小花红丝兰呈线状裂开的叶缘非常独特，高高伸长的花茎顶端绽放珊瑚色的花，异彩夺目。它略带肉质的细叶展现出与观赏草一样的野趣，散发着与普通龙舌兰和丝兰完全不同的魅力。小花红丝兰耐寒性强，容易养护，成株每年都会开花。它在低矮处的叶子很茂盛，因此可以栽种在花境前部，充分展现其叶缘的魅力。小花红丝兰适合搭配龙舌兰、丝兰等敦实的植物，对比之下反而有观赏草一般的动感。此外，将其作为焦点植物栽种到以草花为主的景观里也很有意境。

‘蓝色酒瓢’搭配山茶‘锦叶黑椿’带黄色花纹的叶片和黑叶矾根的波浪形叶子。考虑到花园冬季的美观，可以应用一些常绿植物，颜色的跨度营造出强烈的视觉冲击力。

| *Hosta* ‘Abiqua Drinking Gourd’ |

玉簪‘蓝色酒瓢’

科别：百合科	宽幅：约60cm
类型：多年生落叶草本植物	光照：半阴至全阴
原产地：日本	耐寒性：4 ****
花期：夏季	耐热性：3+++
株高：约50cm	土壤湿度：湿润

玉簪‘蓝色酒瓢’凹凸不平的圆叶质感粗糙，个性十足。与普通玉簪相比，它的体形较大，叶色为独特的蓝绿色。春天，‘蓝色酒瓢’的新叶像酒瓢一样内卷，可以欣赏到叶子白色的背面。‘蓝色酒瓢’适合与喜欢半阴环境的植物搭配，与常绿植物栽种在一起能够兼顾花园冬季的景色。这个品种原产于日本，养护起来很容易。它更适合在半阴或全阴处栽种，夏季的直射阳光会灼伤它的叶子。此外，‘蓝色酒瓢’如果不经历冬季的严寒,生长周期会变得混乱，因此冬季要注意不必过度避寒。最好在冬季施肥，以促进植株春季的生长。

‘巨无霸’搭配叶片泛银色的玉簪‘翠鸟’，以及花形独特的深粉色山月桂。在大小和颜色各不相同的两种玉簪之上，山月桂的花朵刺激着观赏者的感官。

| *Hosta* ‘Sum and Substance’ |

玉簪‘巨无霸’

株高：约90cm	宽幅：约1.2m

※其他特性可参考玉簪‘蓝色酒瓢’（P60）

玉簪‘巨无霸’在金叶玉簪中是体形最大的，它的叶子质地厚实，即使在夏天也不易损伤，明黄色的巨大叶片让植株显得壮丽豪迈。正如其名字显示的那样，‘巨无霸’可以在花园中展现出压倒性的优势，以它为焦点，在周围栽种一些可以作为配角的植物，比如一些拥有蓝紫色系叶片或者深粉色花朵的植物，可以让‘巨无霸’显得更加灿烂夺目。因为体形较大,它的根系也比较发达,更适合地栽，但由于其生长快、宽幅大，因此栽种时要注意保持与其他植物的距离。

玉簪‘六月’搭配斑叶虎杖、鹅绒藤等，展现出低调成熟的风韵。

| *Hosta* ‘June’ |

玉簪‘六月’

株高：约35cm | 宽幅：约60cm

※其他特性可参考玉簪‘蓝色酒瓢’（P60）

玉簪‘六月’是叶色非常有艺术气息的小中型品种。春季刚发芽的时候，它的叶子中心呈金色，随着夏季的到来，逐渐向蓝绿色转变。‘六月’与不同类型的斑叶、彩叶植物搭配，都能营造出别致的景观。

玉簪‘蓝鼠耳’种植在拥有灰紫色叶子的天竺葵‘伊丽莎白安’和六出花‘印第安之夏’前方，作为前景可爱又帅气。

| *Hosta* ‘Blue Mouse Ears’ |

玉簪‘蓝鼠耳’

株高：约15cm | 宽幅：约40cm

※其他特性可参考玉簪‘蓝色酒瓢’（P60）

玉簪‘蓝鼠耳’灰蓝色的圆叶很有个性，在玉簪中属于特别小的品种。它的叶子密生，像地被植物一样生长，形成紧凑美丽的族群。‘蓝鼠耳’宜栽种在景观前部，与各种彩叶植物相互衬托。

玉簪‘火焰岛’与绣球‘纱织小姐’深绿色的叶子和装饰性极强的花朵共处一个画面，营造出一种时尚又自然的感觉。

| *Hosta* ‘Fire Island’ |

玉簪‘火焰岛’

株高：约35cm | 宽幅：约50cm

※其他特性可参考玉簪‘蓝色酒瓢’（P60）

玉簪‘火焰岛’叶子的颜色就算在金叶品种中也非常亮眼，刚生长出来的新叶呈明亮的奶油色，格外引人注目。仅是它叶子和花茎的颜色对比，就能让花园的前景色彩非常丰富。

| *Hibiscus* 'Midnight Marvel' |

芙蓉葵‘午夜奇迹’

科别：锦葵科	宽幅：约60cm
类型：多年生落叶草本植物	光照：全日照
原产地：北美洲	耐寒性：4 ****
花期：夏季至初秋	耐热性：4++++
株高：约1.2m	土壤湿度：湿润

‘午夜奇迹’是芙蓉葵中的铜叶品种，从春天到秋天都能欣赏到它的暗紫色叶片。此外，它的大型深红色花朵也令人印象深刻，既带有怀旧感，又如同扶桑一般热情豪放，再配上它颇具时尚感的美丽叶子，仅一株植物就富于多重魅力。‘午夜奇迹’的花期从夏季一直持续到初秋，如果栽种在向阳处，花量会更多，叶色也会更浓，观赏性更佳。它耐寒性、耐热性都很强，但由于原生于潮湿的环境中，它不耐干燥，养护时要注意保持土壤湿润。‘午夜奇迹’根系发达，盆栽时根部容易盘结，更适合地栽。它会于冬季落叶，落叶后可将植株枯萎的地面部分修剪至根基处。有时会遭受卷叶蛾侵袭，可用杀虫药驱除。

◀ 芙蓉葵‘午夜奇迹’的铜叶和大朵红花，很容易显得老气横秋，在搭配时要通过其他植物来平衡。

作者说
The Author's View

芙蓉葵‘午夜奇迹’与同样兼具怀旧和现代气息的美人蕉和堆心菊组合，能演绎出具有融合特色的有趣风景，搭配装饰性的丝兰和椰子等植物则让景观显得轻松浪漫。

左 / 芙蓉葵‘午夜奇迹’和堆心菊‘马尔迪格拉斯’打造出旧时日本乡村庭院的景色。不过，园艺新品的加入，为整个景致添加了一分时尚感。
右 / 芙蓉葵‘午夜奇迹’的花朵搭配墨西哥蓝棕榈的蓝绿色叶子和鸳鸯美人蕉极具艺术感的双色叶，造就独特的热带景观。

| *Kniphofia* 'Toffee Nosed' |

火炬花‘托菲鼻’

科别：百合科	宽幅：约60cm
类型：多年生落叶草本植物	光照：全日照
原产地：南非	耐寒性：3 ***
花期：夏季	耐热性：4++++
株高：约90cm	土壤湿度：一般

火炬花‘托菲鼻’的花穗由奶油色向淡橙色渐变，时尚而帅气；纤细苗条的形态突出了线条感。火炬花在日本很常见，带有强烈的乡土气息和怀旧感。它耐热不耐寒，适合在温暖地区栽种，长成成株后花穗会增多，地栽为宜。在温暖的地区，‘托菲鼻’的叶子会保持常绿，但是经常会因长得过长而导致外观凌乱，因此，初春要将叶子修剪到距离基部 20cm 左右的位置。

◀ 火炬花‘托菲鼻’搭配铁丝网灌木、美人蕉‘澳大利亚’、紫叶新西兰麻等大型植物，以及花葱等，打造出色彩丰富的景致。

作者说
The Author's View

‘托菲鼻’花朵的渐变美非常引人注目，但其叶子的观赏价值不高，可以选用彩叶植物搭配在四周以弥补它的不足。此外，挑选植物时要适当添加些时尚感充足的品种，以避免花园落入旧日农家庭院的感觉。

左 / 火炬花‘托菲鼻’搭配海滨两节荠的蓝绿色叶子和浅驼色的种荚。颜色、形态迥异的两种植物组合在一起，双方的个性都会更突出。

右 / 火炬花‘托菲鼻’搭配博落回如拼图块一般的叶子，动感十足。‘托菲鼻’的复古感和博落回的野趣，让景观更具设计感。

| *Manfreda undulata* ‘Chocolate Chips’ |

褐斑龙舌兰‘巧克力碎片’

科别：天门冬科
类型：多年生落叶草本植物
原产地：墨西哥
花期：初夏（不是每年都开花）
株高：0.2～2m
宽幅：约60cm

光照：全日照
耐寒性：2 **
耐热性：4++++
土壤湿度：春季至秋季正常浇水，冬季保持土壤干燥

褐斑龙舌兰‘巧克力碎片’深绿色的叶片上点缀着紫褐色的斑点，叶缘呈波浪形，个性十足。它是龙舌兰的近亲，叶质柔软，没有刺。如果地栽，植株会平铺在地面，没有立体感，因此最好种植在花盆里，充分突显其波浪状细叶的个性。‘巧克力碎片’很适合与龙舌兰等热带气息浓郁的植物搭配，形成颜色和形态上的对比。它不耐低温高湿的环境，冬季需保持土壤干燥。在持续0℃以下的环境中会出现半落叶状态，不过它种球状的根基部可以越冬，并且会在春季生出新叶，恢复生长。

上 / 盆栽的‘巧克力碎片’，长长的波浪状叶子垂下来供人观赏。与龙舌兰、丝兰等植物的组合让整个景观更具异国情调。
右 / 初夏，‘巧克力碎片’长出高2m左右的花茎，绽放造型独特的花朵，花后花茎也不会枯萎。如需分株，一般在花后进行。

‘大男气的摩卡’搭配龙舌兰、马蹄莲‘白色巨人’。它与硬挺的龙舌兰在颜色和质感上对比鲜明，非常亮眼；再加上热带植物和观赏草，营造出更加富于野性的氛围。

| × *Mangave* ‘Macho Mocha’ |

龙舌兰杂交种‘大男子气的摩卡’

科别：天门冬科
类型：多年生落叶草本植物
原产地：墨西哥
花期：初夏（不是每年都开花）
株高：0.4～2.5m
宽幅：约90cm

光照：全日照
耐寒性：2 **
耐热性：4++++
土壤湿度：春季至秋季正常浇水，冬季保持土壤干燥

‘大男气的摩卡’是龙舌兰和褐斑龙舌兰的杂交种，它的肉质叶子比龙舌兰的更柔软，呈莲座状生长。春、秋两季，‘大男气的摩卡’叶片表面会生出紫褐色的斑点，非常抢眼。在全日照的环境中，叶片的姿态和奇妙的颜色更容易显现出来，能有效增强花园的视觉效果。它与龙舌兰组合栽种时，质感上形成的对比非常有趣；与美人蕉、象腿蕉、大野芋等植物也很配。虽然‘大男气的摩卡’耐旱，但在夏季，充足的水分和养料会让它生长得更快；它不喜欢湿冷的环境，因此冬季要尽量保持土壤干燥。在持续0℃以下的环境中，‘大男气的摩卡’叶尖会枯萎，这种情况下可以仅保留植株基部越冬，春季，植株会生出新叶，逐渐恢复生机。

| *Melianthus major* |

蜜花

科别：新妇花科	宽幅：约1.2m
类型：多年生落叶草本植物	光照：全日照
原产地：南非	耐寒性：2 **
花期：晚春	耐热性：4++++
株高：约2.4m	土壤湿度：一般

蜜花略泛灰蓝色的羽毛状叶子动感十足。它形态别致的叶片和晚春盛开的暗红色长穗花非常独特，可以作为主角应用到花园中。蜜花的耐寒性较差，适合栽种在不会受到北风侵袭的温暖地区。它的花开在前一年生长的枝条顶端，如果它的枝条因当年冬天温度过低而枯萎，那么第二年，植株虽不会枯死但也不会再开花，只能于春季欣赏它从基部生长出来的新叶。不过，蜜花的耐热性很强，只要在生长期为其提供充足的水分和养料，它就能茁壮成长。

◀ 蜜花与芦竹‘黄金链’、紫花泽兰、鬼吹箫‘嫉妒’等大型彩叶植物搭配，打造出视觉效果极强的夏季景观。

作者说
The Author's View

蜜花巨大、挺拔的身姿是它最大的亮点，可以让景观显得更紧凑，很适合与热带植物和大型宿根草搭配；和大型彩叶植物栽种在一起则能收获更好的视觉效果。

左 / 蜜花与绿玉树‘火焰棒’、龙舌兰等颜色和质感不同的植物搭配，展现出不可思议的南国情趣。

右 / 晚春，蜜花长长的花茎上绽放暗红色的长穗花，与其灰蓝色的叶子对比很美，它别致的株型为景观增添了一分梦幻色彩。

Musella lasiocarpa

地涌金莲

科别：芭蕉科	光照：全日照
类型：多年生半落叶草本植物	耐寒性：2 **
原产地：中国云南省	耐热性：4++++
花期：不定，植株成熟后开花	土壤湿度：夏季充分浇水，冬季保持土壤干燥
株高：约1.7m	
宽幅：约1.3m	

地涌金莲的名字广为人知，它拥有像芭蕉叶一般的巨大叶子，状如荷花的黄色花朵开在其粗短花茎的顶部，是非常有趣的珍稀品种。地涌金莲散发着浓厚的热带气息，为景观带来了强烈的视觉冲击感。它根系发达，适合地栽于温暖地区，冬季会落叶，留下粗壮的根基部越冬；春、秋两季生长旺盛，需要充足的水分和养料。

◀地涌金莲巨大的叶子不宽，但叶茎笔挺外扩，体形相对均衡。将它与同样不耐寒的椰子芦荟搭配，从春季到秋季的庭院都会因它们的存在而显得与众不同。

作者说
The Author's View

地涌金莲虽然叶子高大，但花却开在很低的位置，因此最好布置在景观的前部。将它与大野芋的彩叶品种、石榴、夹竹桃等颇具怀旧风的热带、亚热带植物搭配，可以打造出饱含热带风情的花境。

左 / 于地涌金莲花茎顶端绽放的奇异花朵观赏期很长。
右 / 将体形巨大的美人蕉和石榴‘黑八’等植物作为背景，前方以地涌金莲搭配绿玉树‘火焰棒’、龙舌兰等植物，展现出颇具热带风情的景观。

Phlomis tuberosa 'Amazone'

块根糙苏‘亚马孙’

科别：唇形科	宽幅：约50cm
类型：多年生落叶草本植物	光照：全日照
原产地：地中海东部沿岸地区	耐寒性：4 ****
花期：晚春至初夏	耐热性：3+++
株高：约1.2m	土壤湿度：一般

块根糙苏‘亚马孙’3～10朵淡紫色的花轮生于主茎及分枝上，彼此分离，多花密集，很有装饰性；花后，稍显干枯的酒红色花茎观赏价值也很高，独具魅力。块根糙苏‘亚马孙’原产于地中海东部沿岸干燥温暖的地区，在英国著名园艺师贝斯·查托的花园中也有种植。它抗性较好，易于养护，但由于不耐高温高湿，最好栽种在排水和通风好的地方。虽然也有常绿木质化的品种，但‘亚马孙’是多年生草本植物，会于冬季落叶，地上部分也会在冬季逐渐枯萎。

◀ 块根糙苏‘亚马孙’薰衣草一般的紫色花朵与酒红色的花茎形成对比。它的造型独特，为晚春的庭院添色不少。

作者说
The Author's View

块根糙苏‘亚马孙’的花和花后干枯的花茎观赏性都很强，常应用于宿根草花境中。如果想让景观更具特色，可以搭配适合干旱地区的松果菊和羽毛草等质地柔软的宿根草，或是硬挺的龙舌兰等。

左 / 块根糙苏‘亚马孙’酒红色的花茎，搭配充满厚重感的龙舌兰和枝条肆意生长的金雀花等植物，让整个景观个性十足。
右 / 块根糙苏‘亚马孙’干枯的黑褐色种荚与松果菊‘夏日天空’、硬毛百脉根‘硫黄’等植物栽种在一起，象腿蕉和矮生夹竹桃等热带、亚热带植物为景观增加了创意。

| *Paeonia lactiflora* 'Coral Charm' |

芍药‘珊瑚魅力’

科别：芍药科	宽幅：约50cm
类型：多年生落叶草本植物	光照：全日照至半阴
原产地：亚洲东北部	耐寒性：4 ****
花期：春季	耐热性：3+++
株高：约60cm	土壤湿度：一般（不耐干燥）

芍药‘珊瑚魅力’圆润的包子形花朵盛开之初呈珊瑚粉色，随后会慢慢变为奶油色，散发着一种优雅的美。它深绿色的叶子和花色的对比很美，不论是茁壮生长的新芽、包子形的花蕾，还是秋季的黄叶,观赏价值都很高。虽然‘珊瑚魅力’喜欢阳光充足的地方，但为了防止盛夏叶子被晒伤，最好在明亮的半阴处栽种。此外，‘珊瑚魅力’喜肥，花后和冬季要及时追肥。植株根系的生长情况会影响到花朵的发育，因此，用花盆栽种‘珊瑚魅力’时,建议选用 8 号以上的大盆。若需移盆，最好在秋季进行，移栽时尽量不要破坏根部。

◀ 芍药‘珊瑚魅力’从珊瑚粉向奶油色蜕变的花色散发着唯美的东方韵味，金色的花蕊也分外美丽。

作者说
The Author's View

如果周围都是甜美色系的花朵，芍药‘珊瑚魅力’就会被埋没，应有意识地采用对比手法来突出‘珊瑚魅力’的美。它与六出花‘印第安之夏’的灰紫色叶子和橙色花朵非常配，搭配通脱木巨大的叶子也别有一番风味。

左 / 芍药‘珊瑚魅力’与通脱木、六出花‘印第安之夏’的组合，展现出难得一见的民族风韵。
右 / 芍药‘珊瑚魅力’搭配天竺葵‘伊丽莎白’和赛菊芋‘夏日粉红’。在各色彩叶的衬托下，‘珊瑚魅力’成为整个景观的主角。

上 / 芍药‘黑美人’新生的枝叶与飞龙枳恣意生长的枝条同处一个画面，视觉冲击感十足。当‘黑美人’开出华美的深紫色花朵后，它的叶子会变成绿色。

| *Paeonia lactiflora* 'Black Beauty' |

芍药‘黑美人’

株高：约60cm | 宽幅：约50cm

※其他特性可参考芍药‘珊瑚魅力’（P68）

芍药‘黑美人’非常妖艳，植株从发芽到叶子完全展开期间呈暗红色，深色的茎干透着光芒，让人无法忽视，是春季庭院的焦点。不过，‘黑美人’并不是铜叶品种，开花时它的叶子会变成绿色，重瓣的深紫红色花朵极为华美，充满东方韵味。此外，它浑圆的花蕾和秋季的黄叶也很美。应用在景观中时，可以将‘黑美人’与其他彩叶植物搭配，让它在新芽生长期间的妖艳感更加突出。培育方法可参考芍药‘珊瑚魅力’的相关内容（P68）。

芍药‘火祭’与帚灯草、软树蕨、龙舌兰‘欧珀石’等植物的组合，展现出一种跨地域的浪漫风情。

| *Paeonia lactiflora* 'Himatsuri' |

芍药‘火祭’

株高：约60cm | 宽幅：约50cm

※其他特性可参考芍药‘珊瑚魅力’（P68）

芍药‘火祭’包子形的粉色花朵非常符合大众审美，自古以来就很受欢迎。但正因为它是非常常见的品种，在运用时更不能拘泥于传统，要展现出独创性。‘火祭’艳丽的花朵颇具东方韵味，可与类似风格的玫瑰搭配，展现出优雅华美的中国风；也可与风格迥异的帚灯草和软树蕨组合，发掘意料之外的乐趣。将它与同样不耐旱的植物栽种在一起，养护起来更方便。培育方法可参考芍药‘珊瑚魅力’的相关内容（P68）。

| *Phormium tenax* 'Purpureum' |

紫叶新西兰麻

科别：阿福花科	光照：全日照
类型：多年生常绿草本植物	耐寒性：3 ★★★
原产地：新西兰	耐热性：3+++
花期：初夏	土壤湿度：一般（夏季不可过于干燥）
株高：2～3.2m	
宽幅：约1.5m	

紫叶新西兰麻拥有灰褐色的壮美剑叶，尖锐、巨大的叶子带来了极强的冲击力，很适合作为主角植物应用。它和许多植物都很搭，不论是野性还是时尚感都能良好地展现出来。初夏，开花的紫叶新西兰麻造型更为独特，常让人联想到某种雕塑或建筑。它的叶子如果因冬季的寒风而受损，将会一整年都难以修复，植株也会收缩变小。因此，最好将它种在没有北风侵袭的南向花园中，或者在冬季用绳子把叶子捆起来，以防叶片受损；春季，要剪掉植株枯萎的叶子，整理株型。紫叶新西兰麻在生长期需水量大，夏季要注意不能让土壤过于干燥。

◀紫叶新西兰麻约3m高的花茎在草本植物中极为罕见，再加上巨大的剑叶，散发出独特魅力。

作者说
The Author's View

紫叶新西兰麻豪迈的身姿是最大的特色，建议地栽培育大株。把它作为主角，加入中小型植物为主的景观中，可以让景观变得更加紧凑。如果与充满个性的大型植物搭配，则可打造出更具冲击力的视觉效果。

左 / 紫叶新西兰麻和猴面包树、美人蕉'澳大利亚'等组成颇具异国情调的景观，紫叶新西兰麻的尖利叶片成为绝佳的焦点。
右 / 紫叶新西兰麻炭黑色花茎和橙色花朵的造型仿佛大型烛台，设计感很强，色彩上的对比也非常引人注目。

| *Phytolacca americana* 'Sunny Side Up' |

垂序商陆‘单面煎蛋’

科别：商陆科	宽幅：约1m
类型：多年生落叶草本植物	光照：全日照
原产地：北美洲	耐寒性：3 ***
花期：初夏至秋季	耐热性：4++++
株高：约1.2m	土壤湿度：一般

‘单面煎蛋’是垂序商陆的黄金叶品种，兼具怀旧感与现代感，魅力十足。春季，它生出亮眼的嫩芽；夏季，在玫红色的花茎上绽放白色的长穗花；秋季，则会结出紫黑色的果实（果实有毒），观赏期一直从春季持续到秋季。‘单面煎蛋’皮实好养，散落的种子很容易发芽，但多数会长成绿叶品种。为了不让它的种子四处散落长成“杂草”，应尽量避免让成熟的果实保留太久，在观赏期后要及时剪掉果穗。春季，如果发现植株有自播发芽的黄金叶小苗，可以对其进行移栽，培育成大苗。

◀ 垂序商陆‘单面煎蛋’充满野趣和动感的黄金叶与玫红色的花茎形成绝佳对比，单叶蔓荆略泛紫色的叶片让画面更加和谐。

作者说
The Author's View

垂序商陆‘单面煎蛋’既有彩叶植物的时尚感，又兼具乡间野草的气质。将它与百合、铜叶芙蓉葵等充满现代感的植物组合，可以打造出妙趣横生的场景；与蜜花、美人蕉等适合夏季观赏的大型植物搭配也很不错。

左 / 初夏，垂序商陆‘单面煎蛋’刚刚绽放花朵，将它与卡拉多那鼠尾草、芦竹‘黄金链’等植物组合，为花园添加一些自然野趣。
右 / 夏末，‘单面煎蛋’成熟的紫黑色果实给人妖艳神秘的感觉。金黄叶和深玫红色的茎干形成对比，非常吸引眼球。将它与矮生的夹竹桃‘小鲑鱼’搭配，营造出怀旧风情。

Rudbeckia maxima

大头金光菊

科别：菊科	宽幅：约60cm
类型：多年生落叶草本植物	光照：全日照
原产地：北美洲	耐寒性：4 ****
花期：初夏至秋季	耐热性：3+++
株高：0.5～2m	土壤湿度：一般

大头金光菊是黑心金光菊的原种，花呈黄色，开花时茎会长到约 2m。春季，它蓝绿色的蜡质叶子逐渐生长展开；初夏，绽放黄色的花朵；花后，黑色的花蕊残留在茎干顶端，观赏期能从春天一直持续到初冬。大头金光菊皮实好养，根系发达，高温期大量吸水生长后，根部容易盘结，因此不适合盆栽。花期，植株会拔高；但从春季到初夏，植株都会处于较为低矮的状态，此时要注意别让它的叶子被周围的植物遮住。

◀ 大头金光菊下垂的黄色花瓣和突起的黑色花蕊非常独特，为花园带来不少野趣。

作者说
The Author's View

为了在大头金光菊低矮的时候也能欣赏到它美丽的叶色和身姿，可将其配置在景观的前部。初夏以后，将大头金光菊的花朵与观赏草的穗子和宿根草的花组合起来，可以通过植物的变化感受到季节的变迁。

左 / 大头金光菊开花时，约 2m 长的花茎随风摇曳，姿态动人。可与茴香、大布尼狼尾草、拂子茅‘卡尔 · 福斯特’等充满自然野趣的植物组合。
右 / 大头金光菊中美丽的黄金叶品种，和克美莲的青紫色花朵很配。

Ricinus communis 'New Zealand Purple'

蓖麻‘新西兰紫’

科别：大戟科	宽幅：约1.2m
类型：多年生草本植物（热带地区）	光照：全日照
原产地：非洲热带地区	耐寒性：1★
花期：夏季至秋季	耐热性：4++++
株高：约2.5m	土壤湿度：一般

蓖麻作为蓖麻油的原料而广为人知，‘新西兰紫’是其中的铜叶品种。它的株型巨大，全株呈暗紫色，叶子呈鸭掌状，个性十足，可作为夏日庭院中的主角应用。‘新西兰紫’只能在热带地区保持常绿，在其他地区只能保持相对低矮的形态。它不耐寒，晚秋时会因寒冷而枯萎，因此，在日本常被当作一年生草本植物。‘新西兰紫’在夏季气温较高时生长旺盛，对养分和水分需求量大，充足的日照会让其叶色愈发明澈。晚秋，在它刺球状的果实干了之后可以采收种子，等到翌年4月下旬至5月播种。蓖麻全株都有毒，尤其是种子，培育时要特别小心。

◀ 在美人蕉‘香蕉叶’的衬托下，蓖麻‘新西兰紫’散发出无法忽视的存在感。

作者说
The Author's View

在景观后方配置美人蕉‘香蕉叶’等，能打造出有视觉冲击力的背景；前景配上大野芋、黑心金光菊和鼠尾草等，让花园从炎热的夏季到充满野趣的秋季都有景可观，充分展现季节更迭之美。

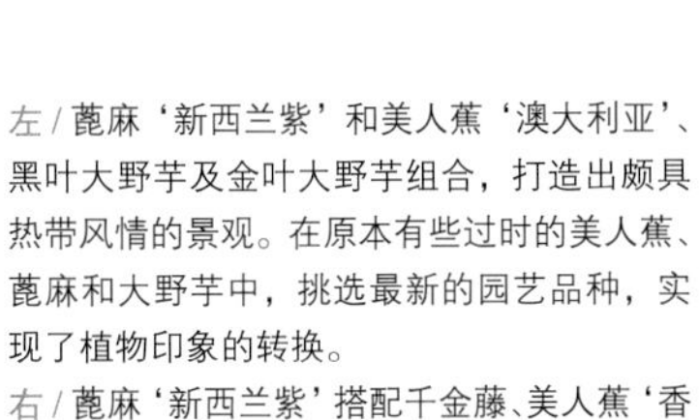

左 / 蓖麻‘新西兰紫’和美人蕉‘澳大利亚’、黑叶大野芋及金叶大野芋组合，打造出颇具热带风情的景观。在原本有些过时的美人蕉、蓖麻和大野芋中，挑选最新的园艺品种，实现了植物印象的转换。
右 / 蓖麻‘新西兰紫’搭配千金藤、美人蕉‘香蕉叶’等大型草本植物，展现出大型植物独有的视觉冲击感。

Stephania venosa

黄花千金藤

科别：防己科
类型：多年生落叶草本植物
原产地：泰国、马来西亚
花期：夏季
株高：3～4m（藤条长度）
宽幅：约2m

光照：全日照至半阴
耐寒性：1★
耐热性：4++++
土壤湿度：夏季充分浇水，冬季休眠期断水

黄花千金藤是一种美丽的块根植物，拥有类似旱金莲的圆叶和藤条，在高温下生长尤为迅速，很适合作为夏天的墙面绿化素材使用。黄花千金藤的块根呈软木质，表面有裂纹，观赏价值很高。夏季，充足的水分和肥料能促进其根部和藤条的生长。黄花千金藤原生于热带雨林，喜阳，但观赏用的裸露块根本应生长于地下，所以不太喜欢强烈的阳光直射。为了复制其原生环境，可以在它的根茎周围放置一些植物，为它的根部打造半阴的环境。黄花千金藤不耐寒，初冬叶子开始枯萎时，要将藤条剪掉，并把植株移入室内；冬季完全断水让植株休眠，入春后再重新开始浇水。

◀ 黄花千金藤和美人蕉‘香蕉叶’、蓖麻‘新西兰紫’一起为夏季庭院打造壮美的背景。

作者说
The Author's View

栽种黄花千金藤时，可选用较高的花盆，将植株的块根裸露出来，再把藤条盘在墙面上用于墙面绿化，这样一来，整个壁面空间都会变得郁郁葱葱。在它周围栽种美人蕉和蓖麻等大叶植物作为背景，会让庭院显得非常壮观。冬季可以将剪掉藤条的黄花千金藤收入室内，观赏它雕刻般的块根。

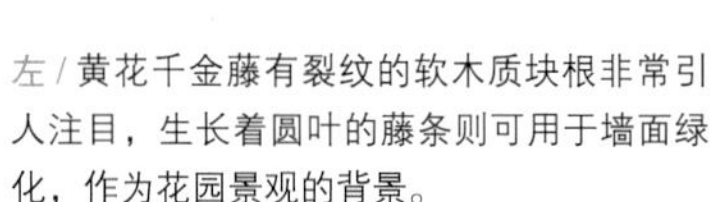

左 / 黄花千金藤有裂纹的软木质块根非常引人注目，生长着圆叶的藤条则可用于墙面绿化，作为花园景观的背景。
右 / 各类植物的叶子为黄花千金藤的块根提供了明亮的半阴环境，再加上八角金盘‘丛云锦’和龙舌兰，虽然外观完全不同，但植物展现出的厚重感却非常相似。

花叶蓼与蓖麻‘新西兰紫’的铜叶组合起来，时尚的特性让景观在充满怀旧感的同时又展现出一分现代感。

| *Persicaria orientalis* 'Variegata' |

花叶蓼

科别：蓼科	宽幅：约1m
类型：一年生草本植物	光照：全日照
原产地：亚洲热带地区	耐寒性：1 *
花期：晚夏至初秋	耐热性：4++++
株高：约2m	土壤湿度：一般

花叶蓼是常见的大型一年生草本植物红蓼的花叶品种。它在进入夏季后生长旺盛，覆有茸毛的宽大斑叶迅速展开；夏末会绽放壮观的粉色穗状花，花穗下垂，极为吸引眼球。花叶蓼原生于热带地区，皮实好养，于秋季结种，春季播种，播种后，其斑叶的特征也基本可以得到继承。将花叶蓼与美人蕉、大野芋、蓖麻、大丽花等具有怀旧感的彩叶植物组合，反而可以为怀旧风带来一丝新鲜感。

紫露草‘甜蜜凯特’与欧紫萁、绣球‘纱织小姐’的深色叶子搭配，演绎出非比寻常的和风风情。

| *Tradescantia* 'Sweet Kate' |

紫露草‘甜蜜凯特’

科别：鸭跖草科	宽幅：约40cm
类型：多年生落叶草本植物	光照：半阴
原产地：北美洲热带地区	耐寒性：4 ****
花期：晚春、初夏及秋季	耐热性：3+++
株高：约50cm	土壤湿度：湿润

‘甜蜜凯特’是紫露草的金叶品种，它金黄或柠檬黄色的细叶与紫色的花朵对比鲜明，花和叶的观赏时间都很长，利用价值很高。‘甜蜜凯特’兼备怀旧感和现代设计感，在景观中有非常突出的表现。天气炎热时，强烈的阳光直射会让花朵受损，因此最好将它栽种在明亮的半阴处。晚春花后，应该在初夏把花茎剪至基部，之后，植株再次长出嫩芽，并于秋季再度开花。

| *Carex oshimensis* ‘Everillo’ |

金叶薹草

科别：莎草科	宽幅：约50cm
类型：多年生常绿草本植物	光照：全日照至半阴
原产地：日本伊豆群岛	耐寒性：3 ***
花期：初夏	耐热性：4++++
株高：约25cm	土壤湿度：一般

金叶薹草是日本伊豆群岛的原生品种，它明亮的叶色非常美丽，一年四季都可观赏。不过，在日照不足的环境下其叶子中的绿色会变深，因此要想观赏到它美丽的金叶，最好在全日照的环境中培育。金叶薹草拥有观赏草的野趣，冬季常绿，可以作为地被植物应用。如果疏于管理，它的叶丛中会混杂很多枯叶，从而变得难看。为了避免这种情况，宜在早春或初秋适当剪短植株的叶子，使它恢复活力。

◀ 金叶薹草美丽的叶子从盆边自然垂坠，不论是自然风还是现代风的花园都很适用。

作者说
The Author's View

金叶薹草适合地栽，这能充分展现其叶子自然下垂的优雅姿态；盆栽也很不错，不过，由于它的根系非常发达，盆栽时最好单独栽种在一个盆子中。它与各种花草搭配都很协调，可以有意识地根据颜色和质感上的对比进行组合。

左 / 金叶薹草与花葱、鼠尾草‘卡拉多纳’等植物的组合。金叶薹草的常绿叶片与季节性开花的植物搭配，在四季更迭中只有它始终如一。
右 / 金叶薹草与龙舌兰、海滨两节荠等冷色调植物搭配。虽然没有花朵，但不同颜色和质感的叶片组合起来，也能带来一种时尚感。

Calamagrostis × *acutiflora* 'Karl Foerster'

拂子茅‘卡尔·福斯特’

科别：禾本科	宽幅：约50cm
类型：多年生落叶草本植物	光照：全日照
原产地：欧洲、亚洲	耐寒性：4 ****
花期：初夏（穗子的观赏期可持续至初冬）	耐热性：3+++
株高：约1.6m	土壤湿度：一般（需注意土壤排水性）

拂子茅‘卡尔·福斯特’拥有醒目的垂直线条，它笔直细长的浅驼色花穗，观赏时间可以从初夏一直持续到初冬，是一种设计感很强的观赏草。它可以用于自然风或现代风的花园，在荷兰园艺大师派特·欧多夫的作品中频繁登场。初夏，它的花穗刚刚生长出来时稍厚实；花后，花穗逐渐干燥变成浅驼色，并收缩成紧绷的纤细线条状。总体来说，‘卡尔·福斯特’比较容易养护，不过，最好在排水和通风好的地方栽种；早春，应修剪植株枯萎的地面部分，促进植株新一轮的生长。

◀拂子茅‘卡尔·福斯特’线条感出众的长穗，与红蓼的垂花、大布尼狼尾草柔软的花穗很配。

作者说
The Author's View

拂子茅‘卡尔·福斯特’的观赏期从初夏一直持续到初冬，可以让花园长时间都有看点。将它与花穗质感迥异的观赏草、长有球状花序的刺芹、花朵突出的松果菊和黑心金光菊搭配，能打造出极为吸睛的空间层次感和设计感。

左 / 拂子茅‘卡尔·福斯特’拥有笔直的线条，个性十足，搭配大布尼狼尾草柔软下垂的花穗，展现出一种几何造型的美；背景处的鹰爪豆为景观添加了一分野性。

右 / 拂子茅‘卡尔·福斯特’搭配丝兰叶刺芹的球状花朵、柳叶马鞭草摇曳的紫花、阔叶山薄荷的银白色苞叶等。利用‘卡尔·福斯特’的独特形态，为自然风的景观增添一些现代感。

曲芒发草的纤细茎秆、浅驼色小穗和凤梨百合的铜叶相互映衬；与花葱干燥后的球形种荚搭配也非常有趣。

Deschampsia flexuosa

曲芒发草

科别：禾本科	宽幅：约30cm
类型：多年生落叶草本植物	光照：全日照至半阴
原产地：亚洲、欧洲、北美洲	耐寒性：4 ****
花期：晚春至初夏	耐热性：2++
株高：约50cm	土壤湿度：稍干燥

曲芒发草清凉感十足的细叶茂盛而密集，晚春至初夏抽生纤细柔软的浅驼色小穗，独具魅力。它不耐高温高湿，适合在凉爽的地区栽种，夏季要加强排水和通风管理。与造型相似的线条状植物搭配会让曲芒发草变得很不显眼，应该以叶面大的彩叶植物为背景，突显曲芒发草的线条形茎秆和随风摇曳的身姿；此外，它与初夏开花的宿根草也很搭。

芒颖大麦草与距药草、黑丝绒石竹搭配，闪闪发光的花穗演绎出轻快感。种子成熟后，芒颖大麦草的小花逐渐干燥并退化为芒状。

Hordeum jubatum

芒颖大麦草

科别：禾本科	宽幅：约30cm
类型：多年生半落叶草本植物	光照：全日照
原产地：北美洲北部地区	耐寒性：4 ****
花期：晚春至初夏	耐热性：1+
株高：约50cm	土壤湿度：一般

芒颖大麦草绿中透着白色的花穗仿佛闪耀着光芒，纤细又高雅，与晚春清新的季节感很相称，是一种光彩夺目的观赏草。随着种子的成熟，小花通常退化为芒状，呈放射状展开，花穗的形状也随之变化，而种子被风吹散，像是一只只长脚蜘蛛，非常有趣。由于原产于寒冷地区，芒颖大麦草在温暖的地方寿命很难超过两年，不过，可以每年用采集的种子播种，很容易繁殖。此外，也可以任凭其种子散落生长，使之与景观自然交融。应用在花园中时，可以将它与宿根草、玫瑰等颜色丰富的植物组合。

Pennisetum orientale 'Tall Tails'

大布尼狼尾草

科别：禾本科	宽幅：约1m
类型：多年生落叶草本植物	光照：全日照
原产地：中亚地区	耐寒性：3 ★★★
花期：初夏至秋季	耐热性：4++++
株高：约1.5m	土壤湿度：一般

大布尼狼尾草能从初夏到秋季不断抽出花穗，长约 30cm 的米白色柔软花穗随风摇曳，在阳光下仿佛闪耀着光芒，壮丽而优美，与其他草类及季节性开花的植物很配。它原产于温暖的中亚地区，不适合在寒冷地区栽种。如果环境合适，它的根系就会生长得特别旺盛，盆栽时宜把幼苗种在大盆里，地栽也要限制其根系的生长区域。此外，由于它的花穗容易遮盖低矮的植物，应用在景观中时要保持其与周围植物的距离。早春，修剪植株枯萎的地面部分，让植株开始新一轮的生长。注意，不要让大布尼狼尾草因自播繁殖而变得杂乱。

◀ 大布尼狼尾草轻柔的花穗在阳光下熠熠生辉。

作者说
The Author's View

可以将大布尼狼尾草与花穗形状不同的观赏草搭配，打造出独特的风格。将它与从初夏到秋季渐次开花的松果菊、萱草、泽兰等植物按观赏期的顺序有计划地组合在一起也很棒。此外，大布尼狼尾草和丝兰、美人蕉等热带植物也非常配。

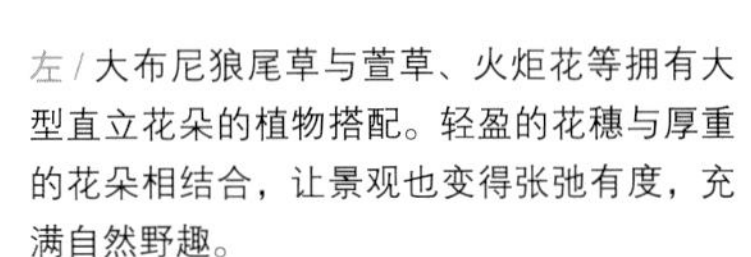

左 / 大布尼狼尾草与萱草、火炬花等拥有大型直立花朵的植物搭配。轻盈的花穗与厚重的花朵相结合，让景观也变得张弛有度，充满自然野趣。
右 / 大布尼狼尾草与羽绒狼尾草的花穗、拂子茅‘卡尔·福斯特’线条感出众的长穗形成对比，背景处配置了质感硬挺的丝兰和鹰爪豆等植物。

长叶稠丝兰稳固的树干和龙舌兰‘欧珀石’硬质的斑叶沉稳厚重，更加突显了狼尾草‘绿钉’的轻盈之感。

| *Pennisetum alopecuroides* ‘Green Spike’ |

狼尾草‘绿钉’

科别：禾本科	株高：约60cm
类型：多年生落叶草本植物	宽幅：约1.2m
原产地：东亚	耐寒性：4 ****
花期：秋季	耐热性：4++++

※其他特性可参考大布尼狼尾草（P79）

狼尾草‘绿钉’是日本原生的绿穗狼尾草中比较突出的品种，它白绿相间的花穗装饰感十足，在阳光的照耀下闪闪发光，对日本人来说是一种能引发乡愁的植物。如果放任它自然生长，花园很可能会因其强大的自播能力而变得杂草丛生，要避免这种情况，就应在花穗干燥之前将其剪除。应用在景观中时，可以通过厚重型植物来突出‘绿钉’的特色，打造出颇为时尚的现代风庭院。此外，‘绿钉’在长出花穗之前只有朴素的绿叶，这段时间可以搭配观叶植物，以提升庭院春季至夏季的观赏性。

| *Pennisetum glaucum* ‘Purple Majesty’ |

紫御谷

科别：禾本科	株高：约1m
类型：多年生草本植物（仅在部分地区）	宽幅：约50cm
原产地：非洲热带地区、南亚	耐寒性：1 *
花期：夏季至秋季	耐热性：4++++

※其他特性可参考大布尼狼尾草（P79）

紫御谷原生于热带地区，是其原种的铜叶黑穗园艺品种，在高温高湿的日本盛夏也能健康地生长。它的叶色在夏季前都很深，经常晒太阳会让其叶色更加暗沉；入夏后会生长出硬质的黑褐色长穗，观赏期可以一直持续到秋季。如想第二年继续观赏，可以在晚秋采种，翌春播种。紫御谷线条感突出的直立花穗，可以为单调的龙舌兰、椰子芦荟等热带植物带去一些自然野趣，同时又可应用在以枝叶柔软的花草打造的景观中。

与龙舌兰组合时，紫御谷硬朗的黑褐色穗子和柔软的草叶为景观增添了一分自然野趣。

以蜜花蓝绿色的叶子和泽兰‘小乔’粗糙质感的叶子为背景，巨针茅在风中摇曳的种荚和花葱‘额发’的花序相映成趣。

Stipa gigantea

巨针茅

科别：禾本科	光照：全日照
类型：多年生落叶草本植物	耐寒性：4 ****
原产地：南欧	耐热性：3+++
花期：初夏	土壤湿度：一般（需注意土壤排水性）
株高：约1.7m	
宽幅：约60cm	

巨针茅是体态雄壮的大型观赏草，是英国名园“贝斯·查特奶奶的花园”中的标志性植物。它初夏伸出长长的穗子，略微泛金色的细长种荚下垂，尖端长有长须的种子随风摇曳，发出“哗啦哗啦”的声音，为花园带来了一丝别样的风采。应用到景观中时，可以把大叶植物当作背景，更好地烘托出巨针茅独特的造型。它低矮处的叶子繁茂，注意不要被周围植物遮挡住。巨针茅原产于干燥地区，不耐高温高湿，宜在向阳的通风良好之处栽种，初春应为其去除老叶，以免影响植株外观。

细茎针茅与松果菊‘夏日天空’、水甘草等宿根植物的组合。后方龙舌兰、刺芹等硬质植物的加入，更加突显了细茎针茅的魅力。

Stipa tenuissima

细茎针茅

科别：禾本科	宽幅：约40cm
类型：多年生落叶草本植物	光照：全日照
原产地：北美洲	耐寒性：4 ****
花期：初夏	耐热性：3+++
株高：约40cm	土壤湿度：稍干燥

细茎针茅纤细的叶子随风摇曳，为花园平添一分野趣。晚春，它会抽出带有长须的淡绿色花穗，随后慢慢地干枯变成白色。如果在温暖地区栽种，枯叶数量会明显减少，不过，哪怕只有极少的枯叶混杂在绿叶中，也会极大地影响植株的美观，因此，最好在初春对植株进行修剪，促使它生发新叶。细茎针茅养护起来比较容易，它不喜欢高温高湿的环境，适合在干燥的地方种植。它虽然本身就很有个性，但与其他的植物组合起来时能更好地展现其特色，除了与普通的宿根花卉组合外，与龙舌兰等质感不同的植物搭配也很棒。

日本安蕨‘幽灵’与大戟‘火焰之光’及玉簪‘火焰岛’‘蓝鼠耳’等植物组合，大胆的色彩搭配，让背阴处熠熠生辉。

| *Athyrium niponicum* ‘Ghost’ |

日本安蕨‘幽灵’

科别：蹄盖蕨科	宽幅：约60cm
类型：多年生落叶草本植物	光照：半阴至全阴
原产地：日本	耐寒性：4 ****
花期：—	耐热性：2++
株高：约60cm	土壤湿度：湿润

日本安蕨‘幽灵’蕾丝状的叶子绿中透着白，颇具梦幻色彩，是非常美丽的彩叶品种。它养护起来很简单，但由于不耐阳光直射和干燥，更适合在背阴处种植。春季是‘幽灵’的主要观赏期,此时将它和其他彩叶植物搭配起来，可以描绘出充满生命力的美丽画面。它与玉簪、矾根等植物不论是外表还是习性都很配，应用在花境中时可以通过颜色的组合展现各种创意，避免让景观落入俗套。

半阴处，粗茎鳞毛蕨和兔儿伞、玉簪的组成颇具动感。虽然都是生于山野的植物，但加入了园艺优选种，就能打造出野趣和设计感并存的绿植空间。

| *Dryopteris crassirhizoma* |

粗茎鳞毛蕨

科别：鳞毛蕨科	宽幅：约1.2m
类型：多年生落叶草本植物	光照：半阴
原产地：日本	耐寒性：4 ****
花期：—	耐热性：3+++
株高：约1m	土壤湿度：湿润

粗茎鳞毛蕨生于日本的山野之中，易于养护，但不喜欢阳光直射和干燥的环境，叶片成熟后可长达1m以上，雄壮的身姿极富魅力，可以活用它的这一特色打造现代风的景观。它与原生环境类似的鬼灯檠和紫萼等植物搭配可以打造出动感十足的景观；和大叶蚁塔等丛林气息浓厚的植物搭配则能展现出充足的野趣，不过，最好巧妙地将它与园艺品种组合栽种。

| *Dicksonia antarctica* |

软树蕨

科别：软树蕨科	光照：半阴
类型：多年生落叶草本植物	耐寒性：2 **
原产地：澳大利亚	耐热性：4++++
花期：—	土壤湿度：湿润（注意不要让根茎干透）
株高：约6m	
宽幅：约2.5m	

软树蕨高大的株型和奇特的外表让人仿佛回到了侏罗纪时期。它原生于澳大利亚明亮的树林中，部分品种喜欢强日照，但直射的阳光会灼伤它的叶片，因此最适合种在明亮的半阴处。它是花园中不可多得的主角，多与其他植物一起展现异国风情，不过，由于其枝干生长缓慢，如果想将它作为花园里的标志性植物应用，就得花高价买到相对较大的植株。软树蕨底部看起来像树干的部分其实是它的根茎，浇水时必须使其完全湿润，特别注意不要让其顶部的生长点处于干燥状态中。

◀ 软树蕨和长叶稠丝兰、刺芹等大型植物组合在一起，个性突出的植物相互衬托，互不相让。

作者说
The Author's View

在半阴处打造景观时，可以充分利用软树蕨带来的震撼力，将它与丝兰、美人蕉等热带植物组合，营造出富有野性的都市风格。由于它的叶子在植株上部生长展开，搭配时要注意不可让其基部显得太空。

左 / 软树蕨与丝兰、美人蕉'澳大利亚'等热带气息浓厚的植物一起打造的景观。它比普通的日本蕨类植物更能忍受日晒，在略有阳光的地方也能种植。
右 / 春天，软树蕨从根茎的顶部生出条状卷曲的新叶，数日后展开成巨大的叶子。修剪老枝后，植株看起来非常精神。

荚果蕨和荷包牡丹‘金心’的组合。彩叶园艺品种的加入让荚果蕨得以摆脱绿化植物的平庸印象，变得趣味十足。

Matteuccia struthiopteris

荚果蕨

科别：球子蕨科	宽幅：约60cm
类型：多年生落叶草本植物	光照：半阴至全阴
原产地：日本	耐寒性：4 ****
花期：—	耐热性：3 +++
株高：约80cm	土壤湿度：湿润

荚果蕨又称草苏铁，其春季的新芽在日本常被当作野菜食用，很适合用来做蔬菜沙拉。当然，将它栽种在花园中也很棒。春季，荚果蕨鲜绿的羽叶伸展开来，乍一看与复叶耳蕨很像，但它挺立别致的叶型又展现出与众不同的一面。作为和风庭院中的常见植物之一，荚果蕨与普通的山野草组合会显得太过平庸，可以将它与橐吾、玉簪等色彩丰富的植物搭配，大胆地发挥想象力，打造出充满趣味的景观。荚果蕨易于养护，但叶子容易晒焦，须避开直射阳光，在土壤较为湿润的地方栽种。

欧紫萁与绣球‘纱织小姐’组合栽种，四周可以搭配一些叶子形态、颜色能形成互补的植物。

Osmunda regalis

欧紫萁

科别：紫萁科	宽幅：约1.2m
类型：多年生落叶草本植物	光照：半阴至全阴
原产地：欧洲及非洲的温带地区	耐寒性：4 ****
花期：—	耐热性：3+++
株高：约1.2m	土壤湿度：湿润

欧紫萁也是常见的可食用蕨菜，丰盛繁茂的羽状复叶和野性优美的身姿，让它成为观赏性极佳的大型蕨类植物。由于它一旦供水不足就容易枯萎，因此在世界各地的著名花园中常被栽于水边。春季，欧紫萁条状卷曲的新芽逐渐伸展，仅需数日就能完全展开；长成成株后，它的枝干会变粗，株高也会有所增加。应用在花园中时，为了避免景观过于单调，可将欧紫萁配合绣球、玉簪、雨伞草等习性类似的植物，让花园显得更丰富多彩。

遵循两大法则，从此不再为植物搭配而困惑

左 / 初夏，蜜花的蓝绿色叶子和独尾草橘中透粉的花朵相得益彰。右上 / 晚秋，六出花与大野芋的暗色叶片、鼠尾草‘金冠’的黄金叶和红花形成鲜明对比。右下 / 灰蓝色是乙庭的主色调，它与古铜色搭配的效果极佳，这种搭配在院子各处都可以见到。

想让景观直击人心，第一印象非常重要，而植物的巧妙组合则在其中起到了决定性的作用。这说起来简单，实际操作时却可能困难重重。不同植物的颜色和质感千差万别，可以组建的组合更是不计其数，想让花园内的景观风格完全统一可谓是难上加难。在乙庭中，我通过两大法则，尽可能地提升庭院风格的统一性，让设定的主题贯穿其中。

法则一：去除不喜欢的颜色。植物过多会让花园显得杂乱无章，但只要确定自己不喜欢的颜色，并将带有这些颜色的植物排除在外，可供选择的植物就立刻变少了，如此一来，便提高了庭院在色彩上的统一性。乙庭中去除的是白色和蓝色，这两种颜色的花很受欢迎，但是在花园中除去这两种颜色，就更能突出乙庭的主题——“与众不同的花园”。

法则二：将自己喜欢的搭配分散运用于花园中。挑选几种颜色和质感对比效果都很棒的搭配形式，通过观赏期不同的植物来实现想要的效果，将它们分散运用于庭院各处，让庭院一年四季都有景可观。我把这种创作手法称作“贴标签”，比如把花园中的植物颜色组合贴上“淡蓝色 × 橙色”“暗紫色 × 黄色”“铜色 × 淡蓝色”等标签，并分散运用于花园各处，让园主的创意在花园中随处可见。

以这两个法则为基础，在花园中加入自己的想法，让最初设定的主题贯穿始终，从而增加花园的统一性，让园主的特色得到更好的体现。

现在，审视一下自己对花园的构想，尝试用这两大法则重新规划一下花园吧。

BULB
球根植物

个性十足、色彩丰富的球根植物花期虽然略短，但华丽的外表足以弥补这个不足，很适合用来营造极具季节感的景观。

| *Alstroemeria* 'Indian Summer' |

六出花‘印第安之夏’

科别：六出花科	株高：约60cm
类型：秋植球根花卉 冬季落叶	宽幅：约40cm
	光照：半阴至全日照
原产地：南美洲	耐寒性：3 ***
花期：晚春至初夏； 秋季至初冬	耐热性：3+++
	土壤湿度：一般

六出花‘印第安之夏’较厚实的泛紫色叶子很有个性，橙黄混合的花色带来的对比效果也极好，非常吸引眼球。六出花是日本传统的代表植物之一，‘印第安之夏’颇具怀旧感的花朵和设计感极强的叶子让它在各种类型的景观中都能有不错的表现。此外，它一年中会多次反复开花，观赏期相对较长，观赏价值很高。夏季，‘印第安之夏’的地上部分会暂时枯萎，入秋后又会从基部重新发出新芽生长。这个品种皮实好养，充足的阳光会加深植株叶子中的紫色；如果想增加花量，建议地栽或使用大型花盆栽种。

◂晚春的庭院里，六出花‘印第安之夏’盛开的花朵与风铃草‘紫色感觉’的紫色花形成对比。

作者说
The Author's View

要善用六出花‘印第安之夏’泛紫色的叶子和花期跨度大的特点，在不同的景观中分别搭配春、秋两季观赏的植物，充分展现景观的季节特色。春季，可以将‘印第安之夏’与芍药、老鹳草、风铃草等搭配；秋季则与鼠尾草‘金冠’、大野芋等植物组合，大胆的色彩搭配能够有效地增强花境的视觉冲击力。

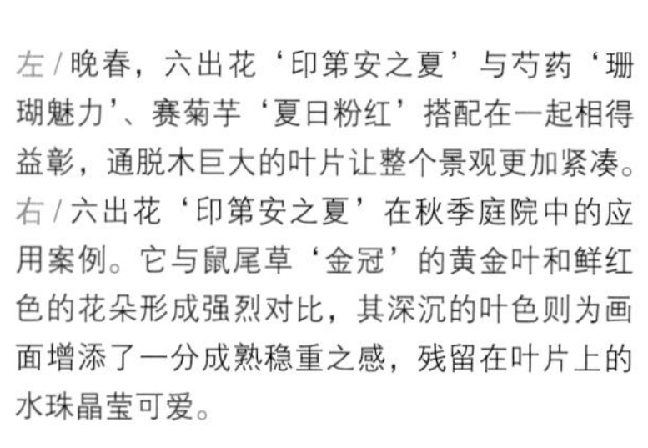

左/晚春，六出花‘印第安之夏’与芍药‘珊瑚魅力’、赛菊芋‘夏日粉红’搭配在一起相得益彰，通脱木巨大的叶片让整个景观更加紧凑。
右/六出花‘印第安之夏’在秋季庭院中的应用案例。它与鼠尾草‘金冠’的黄金叶和鲜红色的花朵形成强烈对比，其深沉的叶色则为画面增添了一分成熟稳重之感，残留在叶片上的水珠晶莹可爱。

| *Amorphophallus bulbifer* |

珠芽魔芋

科别：天南星科	宽幅：约1m
类型：春植球根花卉 冬季落叶	光照：全日照至半阴
	耐寒性：1★
原产地：印度、缅甸	耐热性：4++++
花期：初夏	土壤湿度：湿润（生长期不可断水）
株高：约1.4m	

珠芽魔芋拥有带迷彩图案的粗壮茎干和倒钟状佛焰苞，外形非常奇特。在日本关东地区，6月中旬，珠芽魔芋的粉色佛炎苞会包裹着肉穗花序在地表处绽放，花后才会发芽生叶，并在短时间内长成，让初夏的庭院显得有些不同寻常。不过，若想让珠芽魔芋开花，就得从小球开始培育3年左右才行。要让植株健壮，需要保护它的叶片不受到损伤直至秋季自然落叶。叶子一旦因缺水或被强烈的阳光直射而损伤，植株的根茎就很难保持健壮。晚秋，需等珠芽魔芋的地面部分枯萎后，将根茎挖出来，稍微晾干后保存于不会受到霜冻侵扰的地方。

◀ 珠芽魔芋粉色的奇妙花朵和带有迷彩图案的花茎，为花园增添了一分不寻常的气息。

作者说
The Author's View

珠芽魔芋的花相对低矮，花茎的迷彩花纹看点十足，建议配置在景观的前部。它与美人蕉等热带植物很搭，与大戟‘火焰之光’和蕨类植物组合在一起，可以营造出仿佛身处雨林般不可思议的气氛。

左 / 花后，珠芽魔芋的枝叶茁壮成长，茎干上的迷彩图案展现出独特的魅力，可在四周栽种大戟‘火焰之光’、欧紫萁等。
右 / 珠芽魔芋和龙荟兰、美人蕉‘法西翁’等植物搭配，彰显热带风情。如果种植在全日照的环境中，应与夏季需水量大的植物栽种在一起。

| *Arisaema triphyllum* 'Black Jack' |

三叶天南星‘黑杰克’

科别：天南星科	宽幅：约25cm
类型：春植球根花卉 秋冬季落叶	光照：半阴
原产地：北美洲东部地区	耐寒性：4 ****
花期：晚春至初夏	耐热性：2++
株高：约35cm	土壤湿度：一般

三叶天南星‘黑杰克’的独特花型与眼镜蛇的头部很像，深沉妖艳的油亮叶子搭配绿色的叶脉，奇特而帅气。一直以来，天南星家族的植物凭借它们奇妙的外表在世界各地植物爱好者中收获了不少人气，三叶天南星‘黑杰克’则因其深沉的颜色和独特的外形尤受欢迎。这个品种较为稀少，一般都会用花盆栽培珍藏，但也很适合作为半阴花坛的焦点来应用。‘黑杰克’于晚春发芽，数日便可开花，整个过程十分有趣。它可以像宿根花卉一样养护，通过分球慢慢繁殖、培育。为了让植株保持健壮，需保留它的叶子直至秋季，平时要注意防晒、防虫。

◂‘黑杰克’的花令人有些毛骨悚然，但也很酷，佛焰苞中的淡绿色条纹为它带来了一丝时尚感。

作者说
The Author's View

‘黑杰克’常给人一种孤独高贵的感觉，虽然株型不大，但完全可以作为景观中的绝对主角。为了突显它深沉色彩的神秘感，可将它与拥有黄金叶的玉簪、叶片泛白的日本安蕨等植物搭配，打造成庭院晚春至初夏的焦点。

左 / ‘黑杰克’绿色叶脉纤柔而细腻，仿佛是用极细的笔仔细地涂抹在它极具光泽的叶片上一般。
右 / 三叶天南星‘黑杰克’和玉簪‘蓝鼠耳’、日本安蕨‘幽灵’、玉簪‘火焰岛’等植物的组合。‘黑杰克’的叶子在山野草打造的景观中脱颖而出。

Allium christophii

花葱‘波斯之星’

科别：百合科	宽幅：约20cm
类型：秋植球根花卉 夏季落叶	光照：全日照至半阴
	耐寒性：4 ★★★★
原产地：西亚、中亚	耐热性：1+
花期：晚春至初夏	土壤湿度：一般（夏季保持土壤干燥或将球根挖出来储藏）
株高：约40cm	

花葱‘波斯之星’会绽放出紫色的星形小花，小花又聚集成为直径约20cm的球状放射花序；花后，长时间残留在茎干上的驼色种荚也极具个性，是一个富有几何美的品种，在世界各地的著名花园中也很常见。在日本，夏季到来前就能欣赏到它华丽的干花；秋季，等天气足够凉快后将球根埋入土中；冬季，让球根充分经受寒冷。如果想长期地栽，需在花葱夏天休眠期间保持土壤干燥，以便植株安全度夏，但并不是所有花葱都能通过这个方法度夏。或者，可以在花后施用一些钾肥，待地上部分枯萎后将球根挖出来储存，并在夏季保证球根干燥。

◀‘波斯之星’的球状放射花序很有个性，搭配鼠尾草‘卡拉多纳’、刺芹‘海神金’的效果很棒。

作者说
The Author's View

花葱‘波斯之星’适合搭配夏季喜干燥的植物，应用时要有意识地发挥其几何状花序和金属质感种子的特色。由于它开花的时候叶子会开始枯萎，因此适合搭配入夏后叶子丰润的薹草、凤梨百合等，以维持花园的美观。

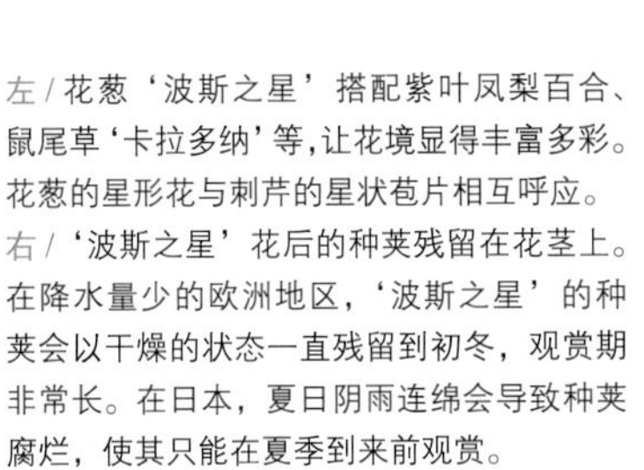

左 / 花葱‘波斯之星’搭配紫叶凤梨百合、鼠尾草‘卡拉多纳’等，让花境显得丰富多彩。花葱的星形花与刺芹的星状苞片相互呼应。
右 / ‘波斯之星’花后的种荚残留在花茎上。在降水量少的欧洲地区，‘波斯之星’的种荚会以干燥的状态一直残留到初冬，观赏期非常长。在日本，夏日阴雨连绵会导致种荚腐烂，使其只能在夏季到来前观赏。

| *Allium nevskianum* |

球花葱

原产地：西亚、中亚 | 株高：约20cm
花期：春季 | 宽幅：约20cm

※其他特性可参考花葱‘波斯之星’（P91）

球花葱从生长出神秘的灰蓝色新芽到绽放球状花序，每一个瞬间都充满个性魅力。它粗厚质感的灰蓝色叶子非常漂亮，特别是早春刚刚萌芽的时候，观赏价值很高。它的花茎极短，在日本关东地区一般于5月中旬开花，灰蓝色的叶子和紫红色的花朵对比鲜明，加以利用，可以打造出效果独特的景观。培育方法可参考花葱‘波斯之星’的相关内容（P91）。

◀球花葱的紫红色花朵和灰蓝色叶子非常美丽。它低矮的株型颇为有趣，是春季庭院里的人气品种。

作者说
The Author's View

球花葱株型低矮，适合配置在花坛前部，充分展现其美丽的叶子和株型。入夏后，它的地上部分会枯萎，因此可在四周搭配一些彩叶植物以保持景观的美观。夏季适合与景天、小型大戟等习性类似的植物栽种在一起。

左 / 球花葱于赛靛花‘淡黄’、刺芹‘海神金’、紫叶酢浆草等色彩、形态不一的植物搭配，营造出神秘的气氛。
右 / 球花葱美丽的灰蓝色叶子，和皇冠贝母、紫蜜蜡花、螺旋叶大戟、景天等植物很配。

花葱‘额发’和蜜花、红叶李、新西兰麻‘粉条纹’形成的组合。在彩叶植物中，‘额发’突出的形态成为视觉的焦点。

| *Allium* 'Forelock' |

花葱‘额发’

原产地：西亚、中亚 | 株高：约1.2m
花期：晚春 | 宽幅：约20cm

※其他特性可参考花葱‘波斯之星’（P91）

花葱‘额发’于晚春至初夏开花，直径5cm左右的酒红色球状花序魅力非凡。它虽然不如花葱‘波斯之星’华丽，但质朴的颜色和几何状的身姿也非常吸引眼球，很适合搭配初夏观赏的观赏草。‘额发’株高较高，表现力强，与随风摇曳的草叶和花穗能形成不错的对比。其小葱般的细叶观赏价值很低，因此最好和观叶植物组合栽种；与新西兰麻、蜜花等叶子独特的植物搭配，可以打造出动感十足的现代风景观。培育方法可参考花葱‘波斯之星’的相关内容（P91）。

斯氏葱与缬草‘魔术银’、菊花‘罗宾孙红’等植物四散栽种在砾石花园中，营造出荒凉的气氛。

| *Allium schubertii* |

斯氏葱

原产地：地中海沿岸东部地区～中亚 | 株高：约50cm
花期：晚春 | 宽幅：约40cm

※其他特性可参考花葱‘波斯之星’（P91）

斯氏葱焰火般的放射状花序直径可达约40cm，设计感出众，花后驼色的干燥种荚在梅雨季到来前都能观赏。独特的株型让它哪怕单株也极为吸引眼球，比起集中种植，将它分散栽种在花园四处会更有意境，有利于增强花园各部分的统一性。斯氏葱与海滨两节荠、大戟等植物习性相近，适合相对干燥的环境；与龙舌兰等常绿植物搭配，则能突显季节感。培育方法可参考花葱‘波斯之星’的相关内容（P91）。

| *Canna* 'Australia' |

美人蕉‘澳大利亚’

科别：美人蕉科	宽幅：约90cm
类型：春植球根花卉 冬季落叶	光照：全日照
	耐寒性：2 **
原产地：美洲热带地区	耐热性：4++++
花期：夏季至秋季	土壤湿度：湿润（夏季正常浇水，冬季休眠期保持土壤干燥）
株高：约2.4m	

‘澳大利亚’是美人蕉中的铜叶品种，就像是花园中的黑暗骑士，从夏季到秋季都闪耀着主角的光辉，视觉冲击力满分。它生长旺盛，直立性好，橙色的花让夏日气息高涨。将它与穗子随风摇曳的观赏草搭配，整个景观都会变得紧凑起来；此外，紫叶新西兰麻、大野芋等植物也和它很相称。‘澳大利亚’喜欢全日照的环境，高温期要充分浇水、施肥，促进植株生长。如果栽种在温暖地区，需于冬季将地面部分修剪至基部，其上覆盖牛粪防寒，并减少浇水量；若是在寒冷地区，则需于晚秋将块茎挖出来，稍微晾晒后储藏在室内，以免被冻伤。

◂美人蕉‘澳大利亚’深沉而富有光泽的叶子格外引人注目，与班克木的花朵和龙荟兰的剑叶组合在一起相得益彰。

作者说
The Author's View

美人蕉‘澳大利亚’是夏、秋两季花园中当之无愧的主角。挑选搭配的植物时，主要考虑怎样才能衬托出其深沉神秘的感觉，紫叶新西兰麻、大野芋、班克木等热带植物都是很不错的选择。

左 / 美人蕉‘澳大利亚’与大野芋、紫叶新西兰亚麻、贯叶桉树的叶子在颜色、形状上形成鲜明大胆的对比。
右 / 盛夏，美人蕉‘澳大利亚’伸长的花茎绽放出橙色的花朵，与暗淡的叶色相映成趣，再加上澳大利亚原产的班克木，花境顿时充满了异国情调。

鸳鸯美人蕉的双色叶片和花朵独放异彩，搭配墨西哥棕榈和铜叶芙蓉葵等植物，让花园洋溢着异国情调。

| *Canna* 'Cleopatra' |

鸳鸯美人蕉

花期：夏季～秋季
株高：约1.5m
宽幅：约60cm

※其他特性可参考美人蕉'澳大利亚'（P94）

鸳鸯美人蕉的茎、叶上都带有不规则的巧克力色条纹，花朵呈朱红和明黄双色，艺术感十足。其叶片上奇特的花纹在吸引观赏者的同时，也在不断激发园艺师的创作热情。若想突出它热带气息浓厚的叶片和花，最好适当减少景观中的其他颜色。有时，鸳鸯美人蕉会长出通体绿色或者古铜色的叶芽，放任不管的话，成株很可能失去双色叶片的特色。若要避免这一点，须将不带条纹的叶芽从基部剪下，让双色叶片得以延续下去。培育方法可参考美人蕉'澳大利亚'的相关内容（P94）。

美人蕉'香蕉叶'与紫叶新西兰麻、千金藤、蓖麻等植物的组合。它们叶形各异，却都洋溢着热带气息，一起为夏日庭园打造出亮眼的背景。

| *Canna* 'Musafolia' |

美人蕉'香蕉叶'

花期：晚秋
株高：约3m
宽幅：约1.2m

※其他特性可参考美人蕉'澳大利亚'（P94）

入夏后，美人蕉'香蕉叶'生长旺盛，高度可达3m左右，体形巨大，在夏秋的庭院中非常突出。它的叶片酷似芭蕉叶，边缘呈紫褐色，非常优雅。动感十足的枝叶富于热带风情，适合在花园中作为景观背景栽于后方，让夏日气息高涨。美人蕉'香蕉叶'与蓖麻'新西兰紫'在颜色和形状上都能形成极强的对比，两种植物株高也相差无几，是绝好的搭档。此外，将它和昆士兰瓶树、紫叶新西兰麻等常绿植物组合也很不错，让冬季的花园也有景可观。培育方法可参考美人蕉'澳大利亚'的相关内容（P94）。

‘埃莱娜’搭配叶脉明显的小型大野芋‘暗黑阴影’和美人蕉‘澳大利亚’。高颜值的观叶植物聚集在一起，展现出与传统怀旧感完全不同的现代风景观。

| *Colocasia esculenta* ‘Elena’ |

芋‘埃莱娜’

科别：天南星科	光照：全日照至半阴
原产地：热带亚洲	耐寒性：1★
花期：夏季至秋季	耐热性：4++++
株高：约80cm	土壤湿度：湿润
宽幅：约70cm	

‘埃莱娜’粉紫色的叶柄很漂亮，叶面宽厚，明黄色的心形叶子非常引人注目。虽是食用芋头的园艺品种，但又与田里的芋头完全不同，由此产生的反差十分有趣。‘埃莱娜’喜欢高温高湿的环境，盛夏充足的水分和养分供补给会让植株生长得很好。不耐寒，很难在室外越冬，宜于晚秋剪掉植株的叶子，移到室内越冬，并减少浇水量。将‘埃莱娜’与时尚感突出的彩叶植物搭配，可以改变它“田间芋头”的印象。

芋‘错觉’巨大的叶子与鼠尾草‘金冠’的金叶、红花和六出花‘印第安之夏’泛紫色的叶片共同组建的画面。自然界中不常见的色彩搭配在一起，描绘出浓郁的晚秋景色。

| *Colocasia esculenta* ‘Illustris’ |

芋‘错觉’

株高：约80cm | 宽幅：约70cm

※其他特性可参考芋‘埃莱娜’（P96）

‘错觉’的巨型叶片上不均匀地散布着浓重的藏青色斑块，仿佛为叶片蒙上了一层煤烟，明亮的绿色叶脉如浮雕般亮眼，颇具艺术性。每一片叶子都有它自己的表现方式，形式统一又各有差异，俨然成了一个个艺术家。这个品种与芋‘煤矿工’有些相似，不过株型相对较小，可交错栽种在花境中观赏。此外，可以利用‘错觉’硕大的叶面，点缀夏秋略显杂乱的宿根草花境，打造视觉焦点。将它与观赏草的花穗和鼠尾草、美人蕉等热带植物和彩叶植物组合，能让花园的色彩和表现形式更丰富多样。培育方法可参考芋‘埃莱娜’的相关内容（P96）。

‘煤矿工’与芋‘埃莱娜’、蓖麻‘新西兰紫’等植物打造出的景观。不同高度的彩叶植物让整个空间显得多彩而充实。

Colocasia esculenta ‘Coal Miner’

芋‘煤矿工’

株高：约1.4m | 宽幅：约1m

※其他特性可参考芋‘埃莱娜’（P96）

‘煤矿工’丝绒质感的叶子颜色别致，仿佛有人用藏青色的颜料在绿色的底上晕染开来一般，它与芋‘错觉’有些相似，不过，‘煤矿工’叶片中的藏青色更浓，分布得也更均匀。它的株型较大，可作为夏秋花园中的主角应用，就算与美人蕉、蓖麻、蜜花等叶形不一的大型热带植物搭配，也很突出，反而能增强景观的视觉冲击力。‘煤矿工’不适合盆栽，通过地栽培育出的成株能给花园带来无限动感。培育方法可参考芋‘埃莱娜’的相关内容（P96）。

大野芋与尾穗苋、蓖麻‘新西兰紫’、美人蕉等植物搭配。虽然这些都是旧日庭院和田间常见的植物，但不同品种色彩和形态上的差异为景观增添了一分新鲜感。

Colocasia gigantea

大野芋

株高：约1.6m | 宽幅：约1.6m

※其他特性可参考芋‘埃莱娜’（P96）

大野芋拥有粗壮的叶柄，是食用芋头的近缘种。它的叶片光亮鲜绿，叶幅巨大，盛夏后展现出压倒性的存在感。它巨大的株型和朴素的外观形成了非常有趣的对比，与美人蕉、蓖麻等颇具怀旧感的植物搭配能带来意想不到的效果。如果用花盆栽种，大野芋的根系很容易盘结，从而限制植株的大小，因此以地栽为宜，但栽种时要注意保持其与周围植物的间距，为它提供充足的生长空间。养护过程中要保证有充足的养分供给。培育方法可参考芋‘埃莱娜’的相关内容（P96）。

垂序商陆‘单面煎蛋’和大头金光菊美丽的金色叶子，以及火炬花‘鲁佩利’的橙色花朵，让克美莲‘卡路里’的蓝紫色花朵显得纯净而迷人。

| *Camassia leichtlinii* ‘Caerulea’ |

克美莲‘卡路里’

科别：百合科	宽幅：约25cm
类型：秋植球根花卉 夏季落叶	光照：全日照
原产地：北美洲	耐寒性：4 ****
花期：春季	耐热性：3+++
株高：约70cm	土壤湿度：一般

春季，克美莲‘卡路里’蓝紫色的穗状花清爽迷人，点缀着生机勃勃的庭院。不过，它的花期很短，很难在这期间与其他花卉搭配。此外，它的叶子观赏价值也不高，因此最好与彩叶植物组合。培育时，一般于秋季天气转凉后种植种球，进入春季生长期之后要及时为植株补水，一旦土壤过于干燥，花茎就可能枯萎从而开不出花来。将多颗种球聚集起来栽种比较好，数年后能欣赏到它们美丽的群生姿态。‘卡路里’与金叶植物搭配，可以突显出它蓝紫色的花，打造出赏心悦目的春季景观。

火星花与芒颖大麦草、花葱、松果菊‘夏日天空’等植物一同打造出野趣盎然的初夏景观。

| *Crocosmia* ‘Solfatara’ |

火星花‘索尔法塔拉’

科别：鸢尾科	宽幅：约20cm
类型：春植球根花卉 冬季落叶	光照：全日照
原产地：南非	耐寒性：3 ***
花期：夏季	耐热性：4++++
株高：约50cm	土壤湿度：稍干燥

火星花很早以前就广为人知，在日本传统庭院中非常常见。不过，‘索尔法塔拉’与普通的火星花有些不同，它兼具怀旧感和现代感，灰褐色的剑叶优雅万分，富于个性的叶色和黄中透着橙色的花朵形成奇妙的对比，是颜值颇高的品种。‘索尔法塔拉’很适合入夏以后变得有些杂乱的宿根花境，它独特的叶子可以成为夏日花境的全新焦点。此外，它和菊科植物、百合科植物、观赏草等姿态各异、花形丰富的植物搭配也很棒，多种植物各有风致，相映成趣。‘索尔法塔拉’皮实好养，可进行分株繁殖。

| *Eremurus* 'Cleopatra' |

独尾草‘埃及艳后’

科别：百合科	宽幅：约50cm
类型：秋植球根花卉 夏季落叶	光照：全日照
	耐寒性：4 ****
原产地：中亚	耐热性：2++
花期：晚春至初夏	土壤湿度：稍干燥（夏季要注意土壤排水）
株高：1.5～1.7m	

独尾草‘埃及艳后’的花茎高度可达1.5m，大量橙色的花朵在花葶上排成稠密的总状花序，壮观的花姿让它在花期成为庭园的主角。花后结出的浑圆蒴果虽不太为人所知，但也深具魅力。栽种时要注意将它粗短的根状茎上有芽突起的部分朝上埋入土中，不要上下颠倒；此外，它的根状茎不耐高温高湿，把土堆高后浅种可以促进排水。‘埃及艳后’会在温暖地区的夏季进入休眠期，此时若将种球留在土中很可能会导致种球腐烂，为了避免这一点，最好等植株的地上部分枯萎后，将种球挖出来储藏，保持种球干燥。

◀ 独尾草‘埃及艳后’壮丽的总状花序，花朵从下至上逐步开放。

作者说

The Author's View

花期，‘埃及艳后’的叶子会枯萎，导致植株基部显得比较空，最好与叶子比较有特色的植物搭配，以弥补这一不足。将它与株型高大的花葱组合栽种，二者花序的形态不同，花期也略有差别，可以延长整个景观的观赏期。此外，‘埃及艳后’与巨针茅等适合初夏观赏的观赏草也很相衬。

左 / 蜜花的蓝绿色叶子、鬼吹箫‘嫉妒’的金叶等让景观在‘埃及艳后’的花朵凋谢后也能保持美观。

右 / 从另一个角度看左图的景观。后方火炬树的羽状复叶与前方巨针茅的花穗让花境显得更充实。

Eucomis comosa 'Sparkling Burgundy'

凤梨百合‘起泡勃艮第酒’

科别：百合科	宽幅：约40cm
类型：春植球根花卉 冬季落叶	光照：全日照
原产地：南非	耐寒性：2 **
花期：夏季	耐热性：4++++
株高：约60cm	土壤湿度：干燥（冬季基本不需要浇水）

凤梨百合‘起泡勃艮第酒’的新芽呈深紫色，夏天盛开的穗花看点十足，再配上古铜色的叶子，非常引人注目。春季，‘起泡勃艮第酒’刚刚发芽的模样非常奇特，为美丽的晚春花园带来一丝奇异的紧张感；入夏后，它的叶色会略微变淡，有伸长后倒伏的倾向。花后，修剪残留的花茎和伸长的外叶，植株会再度发芽，虽然没有春季生长的芽颜色那么深，但是让植物的观赏期持续到秋天也是非常不错的体验。凤梨百合‘起泡勃艮第酒’的种球在市面上极少见，一般是直接销售盆栽苗。

◂凤梨百合‘起泡勃艮第酒’和毛地黄‘光明树莓’、花葱‘波斯之星’等植物组合栽种，让景观显得主题分明而不散乱。

作者说
The Author's View

‘起泡勃艮第酒’春季新生的深沉铜叶和夏季的花朵观赏价值极高，设计景观时要利用好这两个绝佳的观赏时期。春季，要利用色彩明亮的花和叶片突出‘起泡勃艮第酒’的铜叶，形成颜色上的碰撞；夏季则直接将其花穗作为主角运用于景观中，达到聚焦的目的。

左 / 含苞待放的‘起泡勃艮第酒’与泽兰‘小乔’粗糙的叶子、巨针茅的花穗、火星花‘索尔法塔拉’黄中透橙的花朵相互映衬，让景观变得紧凑而多彩。
右 / 从另一个角度看左图的景观。蜜花和鬼吹箫‘嫉妒’的加入增加了颜色的跨度，让每种植物的个性都得到了突出。

| *Gladiolus tristis* |

灰白唐菖蒲

科别：鸢尾科	宽幅：约15cm
类型：秋植球根花卉 夏季落叶	光照：全日照
原产地：南非	耐寒性：3***
花期：春季	耐热性：3+++
株高：约60cm	土壤湿度：稍干燥

灰白唐菖蒲与夏季盛开艳丽花朵的园艺种唐菖蒲不同，它纤细而富于野趣，春季开花，淡奶油色的花瓣中嵌入黄绿色条纹，优雅万分，与柔软的花茎一起随风摇曳，赋予了花境别样的风情。灰白唐菖蒲原产于南非的西开普省，有一定的耐寒性，但也不能在过于寒冷的地方种植。夏季，它的地上部分会枯萎，进入休眠期，休眠期间不耐高温高湿，最好和习性类似的植物种在一起。如果像宿根草一样栽种，数年后种球的数量会增加，形成群生景观。

◀灰白唐菖蒲花朵上的独特条纹深富魅力。

作者说
The Author's View

将灰白唐菖蒲应用在花园中时，可以把习性类似的植物组合在一起，打造风格连贯统一的景观。季节感不明显的龙舌兰、丝兰等常绿植物能够极好地衬托灰白唐菖蒲风中摇曳的纤细枝条，让花园充满动感、野趣盎然，展现出春季的气息。

左 / 灰白唐菖蒲搭配马蒂尼大戟‘黑鸟’、黑叶大戟、刺芹等，为以常绿植物为中心的景观带来了春意。

右 / 灰白唐菖蒲、龙舌兰、海滨两节荠、细茎针茅等植物虽然原产地不同，但都喜欢干燥的环境，栽种在一起时不仅管理起来容易，景观风格也会有连贯性。

唐菖蒲‘黑星’搭配堆心菊‘马尔迪格拉斯’,以及与‘黑星’同样原产于南非的火星花‘露西法’。暖色系的花植花型各不相同，打造出张弛有度的风景。

| *Gladiolus* 'Black Star' |

唐菖蒲‘黑星’

科别：鸢尾科	宽幅：约30cm
类型：春植球根花卉 冬季落叶	光照：全日照
原产地：南非	耐寒性：2**
花期：夏季	耐热性：4++++
株高：约1.2m	土壤湿度：稍干燥

唐菖蒲‘黑星’夏季盛开红中透着黑的花朵，质感和天鹅绒一般，华丽的外观让人无法忽视，虽然有时会给人一种俗气的感觉，但运用巧妙的话可以呈现出一种高端的质感。它极具视觉冲击力的大朵花穗可以与宿根草、观赏草组合，为花境制造出绝好的焦点。‘黑星’的花茎容易倒伏，最好用支架支撑；晚秋，地上部分枯萎后将种球挖出来，置于没有霜冻的地方储藏越冬。虽说它不太耐寒，一般来说不可于室外越冬，但在冬季平均温度约为 -5℃的乙庭，也可以种在花盆中于室外越冬。因此，可以尝试保留几个种球在地下，进行越冬试验。

风信子‘伍德’搭配叶色明亮的金叶薹草和海滨两节荠，在色彩上互相衬托。色调、明度和质感上的对比，让植物之间相互映衬的同时，也让它们各自的特色更为突出。

| *Hyacinthus orientalis* 'Woodstock' |

风信子‘伍德’

科别：百合科	宽幅：约20cm
类型：秋植球根花卉 夏季落叶	光照：全日照至半阴
原产地：希腊、土耳其等	耐寒性：4 ****
花期：春季	耐热性：2++
株高：约20cm	土壤湿度：一般

风信子‘伍德’深沉的暗紫色花朵和黑色的茎干彰显成熟优雅的风范。这个品种在很早以前就得到了普及，要想得到壮观的视觉效果最好大量群植。风信子现在可谓众所周知，为了不让景观落入俗套，需要发挥想象力，打造出有创意的新搭配。栽种时，可于秋季天气转凉后种植种球，让种球经历冬日的寒冷，否则植株就不能正常开花。开花对种球的消耗较大，因此，如果不能在花后及时补充钾肥，花朵就会一年年变小。当然，‘伍德’也可作为一年生植物养护，每年更换新的种球栽种。

| *Ixia viridiflora* |

绿松石小鸢尾

科别：鸢尾科	宽幅：约15cm
类型：秋植球根花卉 夏季落叶	光照：全日照
原产地：南非	耐寒性：3 ***
花期：晚春至初夏（只在明亮的白天开花）	耐热性：3+++
株高：约50cm	土壤湿度：一般（夏季保持土壤干燥）

绿松石小鸢尾的星形花朵色彩别致，以绿松石色为底，中心呈紫蓝色，非常引人注目，是南非原产的小型球根植物。它茎干纤细，气质独特，花朵在细弱的花茎上随风摇曳，为花园带来一分动感。在温暖地区，室外栽培绿松石小鸢尾比较容易，只需等到秋季天气足够凉爽后种植种球即可，在日本关东平原以南地区无需将种球挖出来储存。夏天休眠期间忌高温高湿，最好将它和喜好干燥环境的植物栽种在一起，便于管理。绿松石小鸢尾的身姿华美，把 5 株以上种植在一起可以展现出群生的壮观景色；此外，也可以将它与宿根草搭配栽种，罕见的花色让它成为花园晚春至初夏难得的看点。

◀ 绿松石小鸢尾色彩稀有的花朵在花境中非常醒目。

作者说

The Author's View

一切与绿松石小鸢尾搭配的植物都肩负着突出它罕见花色的重任。花葱‘波斯之星’与刺芹‘海神金’就和它很搭，三者栽种在一起可以打造出梦幻般的景色。金叶薹草的黄金叶和绿松石小鸢尾的花色对比也很棒，让花境在花植绿松古小鸢尾以外也能具有一定的观赏性。

左 / 花葱‘波斯之星’和绿松石小鸢尾的相遇，让颜色和质感迥异的两种星形花碰撞出奇妙的火花。

右 / 花葱‘波斯之星’、刺芹‘海神金’与绿松石小鸢尾组合起来，它们的颜色、质感都极其罕见，营造出充满梦幻色彩的风景。

| *Lilium* 'Dimension' |

百合‘维度’

科别：百合科	宽幅：约20cm
类型：秋植球根花卉 冬季落叶	光照：全日照至半阴
	耐寒性：4★★★★
原产地：亚洲	耐热性：3+++
花期：初夏	土壤湿度：一般
株高：约70cm	

百合‘维度’的质地厚重，开暗红色的花，是散发着成熟韵味的亚洲百合园艺品种。它茎叶直立挺拔，花朵朝上盛开，极为吸引眼球，在富于野趣的庭园中能以其独特的妖艳感成为视觉的焦点，与其他华美的花朵也很相称。百合‘维度’易于培育，可以在数年内像宿根草一样栽培。根茎的生长对它来说很重要，栽种时要将种球埋至深度达种球高度3倍的土壤中；花后要摘除残花并施肥，让种球能及时补充营养。虽然‘维度’喜欢明亮的地方，但它不耐西晒，因此选择种植场所时要慎重。

◂百合‘维度’厚重的质感和暗沉的花色很别致，橙色的花蕊与花瓣的对比很特别，非常引人注目。

作者说
The Author's View

初夏观赏的宿根草多会盛开小巧轻盈的花朵，相比之下，百合‘维度’出众的外观和姿态让它成为宿根草景观中毋庸置疑的主角。活用‘维度’的野性和独特花色，可打造出兼具设计感与野趣的景色。

左 / 百合‘维度’搭配垂序商陆‘单面煎蛋’、蜜花等彩叶植物，在稍显杂乱的宿根植物景观中，‘维度’深沉又亮眼的花朵成为最佳的观赏点。

右 / 半阴处，百合‘维度’与黄栌‘金奖章’、花叶虎杖等叶色明亮的植物组合，明与暗的色泽对比让它们的特点都更加突出。

百合‘狮心’与鬼吹箫‘嫉妒’、露兜叶刺芹组合，为花境带来一丝异域气氛。

| *Lilium* 'Lion Heart' |

百合‘狮心’

原产地：亚洲
株高：约80cm
宽幅：约20cm

光照：全日照至半阴
土壤湿度：一般

※其他特性可参考百合‘维度’（P104）

百合‘狮心’厚实的黄色花瓣中心分布着巧克力色的大斑块，独具魅力的花色吸引着观赏者的目光。因其花色独特，在选择搭配的植物时会比较难，运用于花园中时需要花些心思。虽然它的花色很有个性，但色调相对较暗，在色彩多样的景观中并不突出，反而更适合颜色相对单一，但植株形态各异的景观。考虑到景观在‘狮心’花期以外的观赏性，也可将其与观叶植物组合栽种。培育方法可参考百合‘维度’的相关内容（P104）。

黄金鬼百合与珠芽魔芋搭配，创造出与山野草的质朴气息完全不同的奇特氛围。

| *Lilium lancifolium* var. *flaviflorum* |

黄金鬼百合

原产地：日本对马群岛
株高：约1m
宽幅：约25cm

光照：半阴
土壤湿度：略湿润

※其他特性可参考百合‘维度’（P104）

黄金鬼百合是原产于日本对马群岛的卷丹百合的黄花变种，在原产地已经濒临灭绝，是值得重点保护的品种。它的花瓣反卷，黄色的花瓣内侧带有红褐色的斑点，非常奇特，花朵向下低垂的姿态极具野趣。应用在花园中时，最好搭配彩叶植物或花期相符的落新妇等，利用颜色、形态不同的植物，衬托出黄金鬼百合独特的美感。它的培育方法大致与百合‘维度’（P104）相似，但更适合半阴环境，可用叶腋下的珠芽进行繁殖。

| *Tulipa* 'La Belle Epoque' |

郁金香‘美好时代’

科别：百合科	株高：约40cm
类型：秋植球根花卉 夏季落叶	宽幅：约20cm
	光照：全日照至半阴
原产地：中东地区及地中海东部沿岸地区	耐寒性：4****
	耐热性：1+
花期：春季	土壤湿度：一般

‘美好时代’是丰满的重瓣郁金香品种，它初开的花朵在杏色中略透粉红，典雅而低调，随着时间的推移，花色会逐渐改变，在花朵临近枯萎时变为淡紫色，整个过程奇妙又有趣。‘美好时代’耐寒性好，可在秋季天气转凉后种植种球。如果希望植株第二年复花，应在花后马上修剪花茎，并追加钾肥，等地上部分完全枯萎后挖出种球置于干燥处储藏。不过，这种方法很费工夫，也很难收获肥大的球根，最好还是把它当作一年生植物，每年都重新购买种球栽种。

◂初开的‘美好时代’呈现出雅致的杏色。

作者说
The Author's View

将郁金香‘美好时代’用于花园造景时，不仅要考虑其娇美的外表，还应突出它花色变化的过程，展现出这个品种变幻莫测的美。与质感硬挺的龙舌兰组合，可以更好地表现出‘美好时代’与众不同的美感。

左 / 开花后，郁金香‘美好时代’花瓣中的杏色会逐渐变浓，适合与血雨龙舌兰、马蹄莲‘白色巨人’组建低调的古董色系组合。
右 / 花期末期，临近枯萎的‘美好时代’慢慢变为淡紫色，快要凋谢的花朵展现出一种颓废的美。

郁金香‘黑英雄’搭配龙舌兰带刺的灰蓝色叶子、绿玉树‘火焰棒’独特的枝条，打造出独特的景观。

Tulipa 'Black Hero'

郁金香‘黑英雄’

株高：约45cm
宽幅：约20cm
光照：全日照至半阴

※其他特性可参考郁金香‘美好时代’（P106）

‘黑英雄’是重瓣郁金香品种，它的花形如茶杯，浓郁的紫红色花朵趋近黑色，妖艳魅惑。深色的花朵容易埋没在叶丛中，因此要慎重选择作为景观背景的植物。将‘黑英雄’与色泽较亮的花和叶子组合可产生光和影的对比，而它更是花如其名，在春日花园中成为黑暗英雄般的存在，冷酷中带有一丝温柔。郁金香是非常常见的花，因此在造景时更应追求独创性，比如，将‘黑英雄’浑圆的花朵与有着锐利尖刺的龙舌兰的叶子搭配，就能产生极具戏剧性的对比。培育方法可参考郁金香‘美好时代’的相关内容（P106）。

‘洛可可’开花初期的奇特造型和色彩令人印象深刻。与赤叶杜鹃、长叶稠丝兰搭配效果都不错。

Tulipa 'Rococo'

郁金香‘洛可可’

株高：约40cm
宽幅：约20cm
光照：全日照至半阴

※其他特性可参考郁金香‘美好时代’（P106）

‘洛可可’是鹦鹉型郁金香品种，它的叶片呈灰蓝色，花蕾初现时为黄、绿、红多色混杂，花瓣蜷缩的形态颇为奇怪；完全盛开后，猩红色的花瓣边缘带有一丝胭脂红，仔细观察还会发现奶油色、黄色和绿色的斑纹，非常夺人眼球。‘洛可可’奇特的花形和颜色极大地刺激着观赏者的感官，有时甚至会让人对自己的审美产生怀疑。利用好它的这一特性，可以打造出极具戏剧性的视觉效果，让春日的花园看点十足。由于‘洛可可’的个性非常突出，建议将它与观叶植物搭配，比如，与长叶稠丝兰组合可以演绎出动荡不安的感觉，与矾根搭配则能形成强烈的色彩对比。培育方法可参考郁金香‘美好时代’的相关内容（P106）。

郁金香‘银云号’的花朵和硬毛百脉根‘硫黄’的新叶观赏期一致，两种植物色彩和质感的对比带来极佳的观赏体验。

| *Tulipa* 'Silver Cloud' |

郁金香‘银云号’

株高：约45cm
宽幅：约20cm
光照：全日照至半阴

※其他特性可参考郁金香“美好时代”（P106）

‘银云号’是单瓣郁金香品种，它的花朵白色中透着淡淡的薰衣草紫，花色冷艳，与十分罕见的黑色花茎形成对比，彰显出成熟风韵。与普通郁金香留给人的鲜艳亮丽之感不同，‘银云号’在雅致中又有一些忧郁的感觉，栽种时最好能突出它独特的黑茎和清冷的花色。它与硬毛百脉根‘硫黄’等叶子明亮、质感柔软的植物组合在一起，可以让景观更亮眼；与龙舌兰灰蓝色的粗糙叶子搭配，呈现出如“美女与野兽”般的戏剧性对比也很有意思。培育方法可参考郁金香‘美好时代’的相关内容（P106）。

马蹄莲‘白色巨人’叶子上的白色斑纹很有个性，清秀的白花作为切花也很受欢迎。

| *Zantedeschia aethiopica* 'White Giant' |

马蹄莲‘白色巨人’

科别：天南星科
类型：春植球根花卉
　　　冬季落叶
原产地：非洲
花期：晚春至初夏
株高：约1.8m
宽幅：约90cm
光照：全日照至半阴
耐寒性：2**
耐热性：4++++
土壤湿度：湿润（冬天保持土壤干燥）

‘白色巨人’原生于湿地，是马蹄莲中的巨型园艺品种。它的叶子和生长于干旱地区的马蹄莲一样密布白色斑点，观赏价值高；成株会抽出高高的花茎，绽放壮丽的花朵。‘白色巨人’皮实好养，但在日本大部分地区会于冬季进入休眠状态，此时需保持土壤干燥，避免植株冻伤。它的根系发达，盆栽会限制植株的生长，地栽方能培育出大株。除了种植于水边外，也可以将‘白色巨人’和冬季需要保持土壤干燥的美人蕉、紫叶新西兰麻等一起栽种在花坛里。此外，它与长叶稠丝兰的组合也非常有趣。

专栏 2

造园秘籍：深思熟虑后，果敢地实践

左上 / 仔细选品并慎重搭配，哪怕是芍药和六出花等怀旧感浓厚的植物也可以展现出不同的魅力。左下 / 初夏，花园半阴处突然盛开的珠芽魔芋。右 / 龙舌兰、长叶稠丝兰、郁金香‘美好时代’演绎的春日画卷。把郁金香当作一年生的花卉用于景观中，效果非常好。

在时尚和艺术领域，个性突出或有些异于寻常的作品常给人带来冲击感，这种冲击感的源头实际上来自创作者的思想或设计理念。花园设计同样适用此理。想要让花园直击人心，就要在设计时融入自己的个人风格和想法，并借助植物充分展示出来。这就像平日的穿搭一样，如果一味模仿别人，撞衫在所难免，更别谈突显个性。要想展现出与众不同的一面，就需要根据自己的想法挑选和搭配衣服，甚至要冒险挑战一些设计感强的衣服和穿法，挖掘更多的可能性。如果把赋予花园冲击感作为目标，那么比起采用平庸的表达方式来造园，果断地融入创作者的个性才是成功的捷径。

我经常反复思考乙庭应该是什么样的风格，又应该通过怎样的植物组合呈现出来。我虽然反复试验并经历了多次失败，但从不放弃成功的可能性。只有果断地尝试，才能不让自己的创作埋没在大众流行之中，从而突显自己的个性。

当思考和实践相结合，花园带给人的感受就会超越猎奇带来的新鲜感，进而深深地震撼观赏者的心灵。以上方 3 张图片所展示的景观为例，每个景观中都有一种粉色的花卉，但它们给人的印象与一般粉色花朵娇媚可人的印象完全不同。

深思熟虑之后，将自己的想法用精心培育的花植展现出来，让花园成为创作者思想的载体，成为园艺师和花植共同描绘出来的画作，静待观赏者细细品味。

在各种各样的契机中，园艺师获得了新的启发，也被卷入创作热情的深处。这种热情因多次成功而高涨，也因反复失败而受到鞭策。

——卡雷尔·恰佩克《园丁的一年》

TREE
树木

树木作为景观的骨架，可以加深花园留给人的印象。选择叶片、株型的表现力都很突出的品种，让景观个性突出，更具韵味。

朝鲜冷杉‘银秀’与龙舌兰‘银色冲浪’、戴氏丝兰等植物的组合展现出野性的魅力，‘银秀’向内卷曲的针叶为景观增添了不少乐趣。

| *Abies koreana* ‘Silver Show’ |

朝鲜冷杉‘银秀’

科别：松科	冠幅：约3m
类型：常绿乔木	光照：全日照至半阴
原产地：朝鲜半岛及北亚南部	耐寒性：4****
花期：春季	耐热性：2++
株高：约6m	土壤湿度：一般

朝鲜冷杉‘银秀’的针叶向内卷曲，银蓝色的叶底非常显眼。它耐寒性强，却不太耐热，宜栽种在夏季较为凉爽的地区。它虽然生长缓慢，但最终还是会长大，要慎重选择种植场所。如果担心植株太大，最好用大型花盆栽种，限制根系的生长。‘银秀’长到2m左右后会结出紫色的美丽松果。应用到花园中时，可直接将多种针叶树汇集到一起，打造出风格统一的针叶树花园；也可以将它与彩叶植物搭配，创造出具有独创性的景观。

锥叶金合欢松针般的细长叶子散发出一种恰到好处的野性。它四季开花的特性为观叶植物景观带来锦上添花的效果，与紫叶风箱果的铜叶搭配也非常棒。

| *Acacia subulata* |

锥叶金合欢

科别：豆科	冠幅：约2m
类型：常绿小乔木	光照：全日照
原产地：澳大利亚	耐寒性：2**
花期：四季开花	耐热性：4++++
株高：约3.5m	土壤湿度：一般

锥叶金合欢的枝叶柔软轻盈，它四季开花，花朵呈奶黄色，娇俏迷人。这个品种不会生长得过大，很适合应用于庭院，但由于它枝干没那么粗壮，抗风性不强，最好在没有强风的地方栽种，必要时需用支架支撑。如果觉得锥叶金合欢的枝叶变得过于拥挤，可以于初夏修剪枝条，但在侧枝生长出来之前，植株都不会开花。它很适合与龙舌兰、彩叶树木及观赏草搭配，如此，能打造出丰富多样的景观。

白泽槭‘月升’珊瑚红色的嫩芽逐渐展开，春季略带金黄，与紫露草‘甜蜜凯特’的金叶和欧紫萁绿中透着黄的叶片组合起来，让景观变得更加多彩。

| *Acer shirasawanum* 'Moonrise' |

白泽槭‘月升’

科别：无患子科	冠幅：约3m
类型：落叶小乔木	光照：半阴
原产地：日本	耐寒性：4****
花期：春季	耐热性：3+++
株高：约5m	土壤湿度：略湿润

白泽槭‘月升’随着四季更迭而变换的复杂叶色特别美，刚发芽时为珊瑚红色，然后逐渐变黄，夏季呈现出清爽的浅草绿，秋季又变为红、黄混杂的绝美颜色。目前市面上销售的以小苗为主，可以将它与彩叶宿根草栽种在一起，慢慢培育。白泽槭‘月升’的树型本身就很美，但如果觉得树枝长得太密，冬季可以修剪向内生长的密集枝，调整树型。它总体来说易于养护，但不太耐旱，夏季应特别注意补水。

美人蕉‘澳大利亚’的巨大叶片和锥叶金合欢的蓝绿色叶子等，突显出铁丝网灌木朴素冷淡的感觉。

| *Corokia cotoneaster* |

铁丝网灌木

科别：雪叶木科	冠幅：约1.5m
类型：常绿灌木	光照：全日照
原产地：新西兰	耐寒性：3***
花期：初夏	耐热性：4++++
株高：约2m	土壤湿度：一般

铁丝网灌木细小弯曲的虬枝茂密丛生，灰色树枝上生长的小叶正面为灰绿色，背面呈灰白色，这种朴素冷淡的色调极具魅力。成株的魅力则会得到进一步升级，植株的冷酷感愈加突出。它不太耐寒，适合在阳光充足、排水良好的温暖地区栽种。铁丝网灌木与叶面较大的植物、紫叶新西兰麻等直线条的植物、龙舌兰等叶片厚重的植物组合，通过色彩、形状等方面的对比，可以展现出如枯枝一般的萧索的气息，非常引人注目。

◂ 栎叶班克木米白色的刷子状花和巨大的叶片独具魅力。

| *Banksia robur* |

栎叶班克木

科别：山龙眼科	冠幅：约1.8m
类型：常绿灌木	光照：全日照
原产地：澳大利亚	耐寒性：2**
花期：夏季	耐热性：4++++
株高：约3m	土壤湿度：湿润

栎叶班克木巨大的叶片边缘带锯齿，帅气又富于野性。它夏季盛开的米白色花像刷子一样，果实呈蜡烛状，极具观赏性；花谢后，留下褐色的残花，可一直观赏到晚秋。此外，其叶片上的黄色主脉也很有自然风韵，全年的观赏价值都很高。与普通班克木相比，栎叶班克木比较耐寒，在日本关东平原可于室外越冬，不过最好栽种在阳光充足且吹不到北风的地方。由于它原生于水边，因此如果土壤过于干燥会导致植株严重受损。它对养分的需求较小，尤其不喜欢磷肥，一旦对它施用了这类肥料很可能会导致植株枯萎。

作者说 The Author's View

栎叶班克木与美人蕉、珠芽魔芋等夏季需水量大的热带观叶植物组合栽种很合适，不仅能营造出很好的视觉效果，还便于管理。此外，紫叶新西兰麻、昆士兰瓶树等原生地相近的植物也是很不错的搭配选择。

左 / 栎叶班克木搭配紫叶新西兰麻和龙荟兰等茂密的热带植物，它们多样的颜色和形态，即使没有花也让人印象深刻。
右 / 栎叶班克木与美人蕉‘澳大利亚’、芦荟等打造出来的景观。栎叶班克木的残花让它的观赏期能一直持续到晚秋。

| *Brachychiton rupestris* |

昆士兰瓶树

科别：梧桐科	光照：全日照
类型：半落叶乔木	耐寒性：2★★
原产地：澳大利亚东北部	耐热性：4++++
花期：初夏	土壤湿度：春季至秋季正常浇水，冬季保持土壤干燥
株高：约20m（原产地野生种）	
冠幅：约8m	

昆士兰瓶树的树干中部丰满肥硕，看起来像一个酒瓶，也被称为佛肚树。不过，树干充实膨大的老株很难买到，即使偶尔有售，价格也十分昂贵；一般来说，市面上流通的以小型观叶盆栽为主，若是将它栽于庭院，能培育出约5m高的成株。昆士兰瓶树纤细的掌状复叶很美，从小苗起树型就很有个性，可以一边观赏一边培育。培育幼苗时，先不要让植株向上生长，要反复打顶为树干快速“增肥”。昆士兰瓶树在大多情况下是四季常青的，但在室外栽培的话，植株可能会在寒冬落叶。冬季要适当控水，保持土壤干燥。

◀ 左图中的昆士兰瓶树由日本当代首屈一指的园艺大师西畠清顺引进、培育而成，是日本目前体形最大的昆士兰瓶树，肥硕的瓶子状树干展现出压倒性的存在感。

作者说
The Author's View

昆士兰瓶树与龙舌兰、丝兰等耐旱的热带植物很搭；和无花果、夹竹桃、美人蕉等热带、亚热带植物组合，能打造出独具创意的景观。

左 / 铺了石块的花坛中，盆栽的昆士兰瓶树与夹竹桃、无花果搭配起来，为本来充满怀旧感的景观增添了一丝现代气息。
右 / 昆士兰瓶树纤细的掌状复叶。晚春新生的嫩叶呈粉红色，仿佛花朵一般在枝头“绽放”。

山茶‘黑骑士’与紫叶新西兰麻、戴氏丝兰等常绿植物搭配，打破了它的既有观感。

Camellia ‘Night Rider’

山茶‘黑骑士’

科别：山茶科	光照：全日照至半阴（须避免强烈的西晒）
类型：常绿灌木	耐寒性：3***
原产地：中国、日本	耐热性：4++++
花期：春季	土壤湿度：一般
株高：约2m	
冠幅：约1m	

‘黑骑士’是新西兰园艺师培育出来的小花型山茶，它的花朵呈黑红色，花后展开油亮的古铜色新叶，观赏价值很高。应用在花园中时，不要拘泥于山茶固有的形象，大胆地将它与欧美风浓郁的植物搭配，能展现出难得的时尚感，与常绿的彩叶植物和铁筷子等组合起来效果上佳。总体来说，‘黑骑士’养护起来比较简单，但它不喜欢有北风呼啸和全阴的环境。初夏，植株会长出新芽，为第二年春季开花做准备，因此要在花后及时修剪。

山茶‘锦叶黑椿’与荚蒾带棕红色的新芽和花蕾共同演绎出幽暗华丽的风情。

Camellia ‘Nishikiba Kurotsubaki’

山茶‘锦叶黑椿’

株高：约2m | 冠幅：约1m

※其他特性可参考山茶‘黑骑士’（P116）

山茶‘锦叶黑椿’是日本传统园艺品种，后逐步走向世界。它深红色的花瓣上带有黑色的脉纹，妖艳而魅惑，常绿叶片的外缘生长着华丽的黄色斑纹，与暗淡的花色形成鲜明对比，花后抽生的新叶呈浓郁的焦糖色，非常吸引眼球。如果只是把它用来打造日式庭院难免落入俗套，将它搭配叶色较深的矾根及彩叶铁筷子等常绿植物，或是玉簪中的蓝绿叶品种和金叶品种，可以造就色彩丰富的景观。培育方法可以参考山茶‘黑骑士’的相关内容（P116）。

| *Cercis canadensis* 'Heart of Gold' |

加拿大紫荆‘金心’

科别：豆科	冠幅：约3m
类型：落叶灌木或小乔木	光照：半阴
原产地：北美洲中东部	耐寒性：4★★★★
花期：春季	耐热性：3+++
株高：2～5m	土壤湿度：一般

加拿大紫荆‘金心’硕大的心形金叶格外引人注目，春天的新叶尤其光彩照人，初夏后变成清爽的浅草绿色，适用于各种风格的景观。在发芽前，它枝干上密集开放的深粉色花朵，仿佛宣告着春天到来，非常有趣。‘金心’的叶子容易因强风和盛夏的直射日光而受损，虽然不至于枯萎但也会影响观赏效果，因此应在没有强风吹拂的半阴处种植。它的树型本身就非常美丽，如果需要修剪，应在落叶期一边确认花芽，一边修剪。

◀ 明亮的半阴处，斑叶芒、宽萼苏和加拿大紫荆‘金心’相得益彰。虽然颜色相近，但叶子质感和形态的对比弥补了色彩上的单调感。

作者说
The Author's View

春季，加拿大紫荆‘金心’美丽的新叶让它的观赏价值达到顶峰，搭配紫叶黄栌和紫叶蔷薇等能产生撞色效果的彩叶树木，可以造就极具视觉冲击力的景观背景。此外，加拿大紫荆‘金心’搭配带白斑的植物也很不错，能为景观带来一种时尚感。

左 / 加拿大紫荆‘金心’与黄栌‘优雅’形成对比强烈的组合。大面积的互补色相互衬托，作为景观的背景让人印象深刻。
右 / 与‘金心’同样受欢迎的紫叶品种——加拿大红叶紫荆。它富有光泽的深紫色新叶为春天的花园增添了一分别样的色彩。

| *Cedrus atlantica* 'Glauca Pendula' |

垂枝北非雪松

科别：松科	冠幅：2～6m（根据造型的不同而变化）
类型：常绿乔木	光照：全日照
原产地：北非	耐寒性：3★★★
花期：—	耐热性：3+++
株高：约6m	土壤湿度：干燥

垂枝北非雪松的小枝上生长着美丽的灰蓝色短针叶，枝干下垂的树型富于个性，散发着与众不同的气息。它原产于干燥的山地，不喜欢湿润的环境，宜在阳光充足、排水好的地方养护。主干弯曲开始下垂的高度决定了植株的高度，因此栽种时要用支架固定好主干，引导其向上长至希望的高度，再任由植株自由生长。栽培垂枝北非雪松时，塑造树型稍有难度，直接购买已经长到足够高度的成株是上策。应用在花园中时，建议把它作为旱地景观的焦点打造，或是当作庭院中的标志性植物栽种。

◂ 垂枝北非雪松独一无二的树型极具魅力。

作者说
The Author's View

一切围绕垂枝北非雪松打造的景观，其目的都是衬托出它枝条下垂的别致造型。将它与龙舌兰、长叶稠丝兰等质感硬挺的旱地植物搭配，不同植物间形态和质感的对比非常有趣。美人蕉、蓖麻等叶面较大的彩叶植物可作为景观的背景，突出垂枝北非雪松独特的树型。

左 / 垂枝北非雪松的枝叶特写。春天紫叶李绽放与樱花极为相似的花朵，为常绿植物带来了一分季节感。
右 / 垂枝北非雪松和长叶稠丝兰、龙舌兰打造出独特的旱地植物景观，不同植物形态上的对比颇为吸引眼球。

| *Cotinus coggygria* 'Golden Spirit' |

黄栌‘金奖章’

科别：漆树科	冠幅：1.8m
类型：落叶灌木	光照：半阴
原产地：中国	耐寒性：4****
花期：夏季	耐热性：3+++
株高：约4m	土壤湿度：一般

黄栌‘金奖章’新生的圆叶在浅草绿色中透着金黄，亮丽动人，很适合作为景观的焦点。此外，它夏季盛开的烟雾状花朵，以及秋日的珊瑚红色叶片，也都很有看点。总体来说，‘金奖章’培育起来比较容易，但它的叶子容易被夏天的直射阳光灼伤，为了避免这一点，最好在半阴处栽培。如果想控制株高，并让叶子更加显色，需在初春将植株修剪至约 30cm 的高度，以促进新枝的生发，同时让植株维持低矮的株型。

◀ 半阴处，黄栌‘金奖章’与紫叶蔷薇、花叶虎杖等植物一同描绘出亮丽的春日画卷。

作者说
The Author's View

黄栌‘金奖章’的叶色会随着季节的更迭而变化，造景时需提前做好规划，让它能在不同的季节完美地展示出自己的美。叶色与‘金奖章’同期改变的玉簪、虎杖，以及拥有美丽铜叶和果实的紫叶蔷薇等都是很不错的搭配选择。

左 / 秋季，黄栌‘金奖章’的叶色从亮丽的金色逐渐向珊瑚色转变；花叶虎杖的叶片也开始变黄，其中又掺杂着白色的斑纹；背景处，紫叶蔷薇结出橙色的果实。不同的植物聚集在一起，共同演绎秋日的独特风光。

右 / 黄栌‘金奖章’和拥有美丽紫叶的黄栌‘贵族紫’组合在一起。‘贵族紫’是黄栌中叶色最浓、最美的品种，在其他彩叶树的衬托下，更显得色彩鲜艳无比。

上 / 金叶红瑞木和赛靛花‘樱桃节’、紫叶李打造的景观。
右 / 落叶后，金叶红瑞木光秃秃的红色枝条与飞龙枳枝条上的绿色锐刺和黄色果实形成鲜明对比。

| *Cornus alba* ‘Aurea’ |

金叶红瑞木

科别：山茱萸科	冠幅：约1.3m
类型：落叶灌木	光照：半阴
原产地：中国、韩国、朝鲜及北亚部分国家	耐寒性：4★★★★
花期：春季	耐热性：3+++
株高：约2m	土壤湿度：略湿润

金叶红瑞木的观赏期很长，它的金叶可以从春季一直保持到秋季，冬季叶子掉落后，可以欣赏它艳丽的红枝，是难得的适合冬季花园的植物。土壤过于干燥会让金叶红瑞木严重受损，夏季强烈的阳光直射容易灼伤它的叶片，最好在半阴处种植。如果想拥有枝条众多的丰满树型，可在初春植株发芽之前将其修剪至距地面 10cm 左右的高度，仅留两三个芽，之后植株会抽生大量新枝，魅力十足。春、冬两季为金叶红瑞木的主要观赏期，应用到花园中时要尤其注意这两季的植物搭配。除了红枝的品种外，同类中还有枝条为黑色、黄色等的品种，可以将它们一起用于庭院造景。

瑞香‘信浓锦’在日本关东平原会于 3 月前后开花，芳香沁人心脾，告知人们春天的到来。它深红色的花蕾和盛开的淡粉色花朵搭配别致的斑叶，色彩均衡雅致。

| *Daphne odora* ‘Shinano Nishiki’ |

瑞香‘信浓锦’

科别：瑞香科	冠幅：约70cm
类型：常绿小灌木	光照：半阴
原产地：中国及南亚部分国家	耐寒性：2★★
花期：早春	耐热性：3+++
株高：约80cm	土壤湿度：略湿润

瑞香‘信浓锦’自古以来就很受欢迎，它的叶子黄绿混杂，不规则的花纹独具艺术感；早春盛开的淡雅小花散发着浓郁的芳香，是季节的风物诗。‘信浓锦’喜欢半阴环境，与彩叶铁筷子和早春开花的小型球根植物很配。它的株型很整齐，没必要修剪，移栽的时候要注意不要弄伤植株根部，大苗要尤其小心，最好事先定好移栽的地点。‘信浓锦’不太耐寒，宜在没有寒风的地方栽种。

| *Dasylirion longissimum* |

长叶稠丝兰

科别：龙舌兰科
类型：常绿灌木
原产地：墨西哥北部
花期：夏季（成株数年开一次花）
株高：约3.5m
冠幅：约2.5m
光照：全日照
耐寒性：3★★★
耐热性：4++++
土壤湿度：干燥

长叶稠丝兰拥有像苏铁一样粗壮的树干，顶部竹签状的细长叶子呈放射状展开，样子很有个性，是极具干旱地域风情的稀有植物。虽然它的成株非常昂贵，但其出众的表现力会让你觉得物有所值，只需一株，整个庭院的气氛就会迥然不同。它具有一定的耐寒性，耐热性和耐旱性也不错，养护起来很省心，不过，它不喜欢潮湿阴冷的环境，最好在朝阳、干燥的地方种植，冬天要控制浇水量。长叶稠丝兰树干的生长速度非常缓慢，如果想把它作为花园的标志性植物应用，还是下定决心买一株大苗为宜。

◀ 长叶稠丝兰和象腿蕉的组合极具热带风情。两种植物叶形的对比强烈，让人印象深刻。

作者说
The Author's View

长叶稠丝兰哪怕只有一株置于花园中也十分帅气，不过要注意它不适合豪华风，搭配的关键是突出它粗壮的树干。美人蕉和象腿蕉等大叶热带植物，以及外形迥异的垂枝北非雪松都是非常不错的搭配选择。

左 / 长叶绸丝兰与原生地接近的龙舌兰、丝兰的组合，再加上观赏草、宿根草等植物，让花园充满野性的同时，也不乏季节感。如何在原生地接近的植物组合中，加入生长于其他地区的植物，恰是展现园艺师个性之处。
右 / 长叶绸丝兰与龙舌兰和垂枝北非雪松等形成颜色和形态上的对比，让景观看上去更加丰富，后方配置耐寒的海莲，增加多样性和独创性。

上 / ‘惠那锦’边缘带奶白色花纹的叶子非常美丽，与铜叶的山毛榉带来色彩上的鲜明对比。
右 / 秋季，‘惠那锦’的叶色从淡淡的灰紫色逐渐向粉色转变，充满了梦幻色彩。

Disanthus cercidifolius ‘Ena Nishiki’

双花木‘惠那锦’

科别：金缕梅科	冠幅：约2m
类型：落叶灌木	光照：半阴
原产地：日本	耐寒性：4****
花期：晚秋	耐热性：2++
株高：约2.5m	土壤湿度：一般（不可过于干燥）

双花木‘惠那锦’蓝绿色的心形叶子边缘带有奶白色的花纹，秋季会变为淡淡的灰紫色或粉色，柔和的叶色让它无论搭配叶色普通的植物还是彩叶植物都很棒，在各种各样的景观中都适用。‘惠那锦’的株型本身就很美，由于生长速度缓慢，基本不用修剪枝条，养护起来很省心。不过，强烈直射日光和干燥的土壤容易让它的叶子受损，因此，最好种植在能避开西晒且土壤湿度适宜的地方。

‘丛云锦’的掌状叶子拥有显眼的黄色斑纹。

Fatsia japonica ‘Murakumo Nishiki’

八角金盘‘丛云锦’

科别：五加科	冠幅：约1m
类型：常绿灌木	光照：半阴
原产地：日本	耐寒性：2**
花期：秋季	耐热性：4++++
株高：约2m	土壤湿度：略湿润

八角金盘‘丛云锦’的叶片上带有大片黄色斑纹，是和风庭园背阴处不可缺少的植物。八角金盘原产于日本，自古以来作为和风庭院中的常见树木而倍受喜爱，传至世界其他国家后也非常受欢迎，而‘丛云锦’更是受到各国园艺师追捧的名品。‘丛云锦’稍耐寒，虽然更适合温暖地区，但也不能忍受强烈的日晒和过于干燥的环境。应用到花园中时要注意充分展现其华美的斑叶，不要让它落入平庸。

| *Hydrangea macrophylla* 'Miss Saori' |

绣球‘纱织小姐’

科别：绣球花亚科	冠幅：约1m
类型：落叶灌木	光照：半阴
原产地：日本	耐寒性：4★★★★
花期：初夏	耐热性：3+++
株高：约1m	土壤湿度：湿润

绣球‘纱织小姐’除了白底上有红边的华美重瓣花之外，泛黑的叶子也很有观赏价值，在花期之外也能长时间欣赏，是一款魅力十足的彩叶绣球。它在日本育种，后于英国的切尔西花卉展中获奖，知名度很高。它不耐干燥，应选择湿润且冬季不会有北风损坏花芽的地方培育，盆栽苗要尤其注意及时补水。‘纱织小姐’会在夏末至初秋形成明年开花的花芽，因此，应在每年夏天之前完成对植株的修剪工作。

◀‘纱织小姐’白底红边的重瓣花妩媚而华美，与泛着黑色的优雅叶片彼此映衬。

作者说
The Author's View

绣球‘纱织小姐’适合和各种耐阴植物组合。玉簪、蕨类植物等固然是不错的选择，但为了突显其颜色、形态的独特性，选择植物前还是要做好规划。鉴于它花朵色彩艳丽，可以通过与观叶植物组合增加景观的稳重感。

左 / 开花前，‘纱织小姐’的叶子和白泽槭‘月升’及紫露草‘甜蜜凯特’的金叶组合在一起，用彩叶为春日带来一抹和风。
右 / 盛开的‘纱织小姐’搭配土当归‘太阳之王’、大戟‘火焰之光’、欧紫萁、玉簪‘火焰岛’等观叶植物让景观显得更加丰富。

接骨木‘黑色蕾丝’（紫叶接骨木）和砂糖藤的彩色叶子极佳地烘托出木蓝‘小粉红’的花朵。

| *Indigofera* ‘Little Pinkie’ |

木蓝‘小粉红’

科别：豆科	冠幅：约75cm
类型：落叶小灌木	光照：全日照至半阴
原产地：中国、日本、韩国、朝鲜	耐寒性：4****
花期：晚春至初秋	耐热性：4++++
株高：约60cm	土壤湿度：一般

‘小粉红’是河北木蓝的矮生品种，大量粉色的小花在晚春到初秋之间成串开放，小巧可爱的复叶密集茂盛，极富野趣，又带有一种淡淡的怀旧气息。它株型紧凑，容易养活，种在树脚下或是宿根花卉间都很棒。‘小粉红’在自然环境中很容易被忽略，应用到花园中时要和有视觉冲击力的植物搭配，才能让景观显得张弛有度。

鬼吹箫‘嫉妒’枝头新生的铜叶为其基部的金叶带来了些许不同。铜叶凤梨百合、芙蓉葵‘午夜奇迹’、蜜花等夏季观赏的彩叶植物都和它很相称。

| *Leycesteria formosa* ‘Jealousy’ |

鬼吹箫‘嫉妒’

科别：忍冬科	冠幅：约1.2m
类型：落叶灌木	光照：全日照至半阴
原产地：中国及南亚部分国家	耐寒性：3***
花期：夏季	耐热性：4++++
株高：约2.5m（可通过修剪调整）	土壤湿度：一般

鬼吹箫‘嫉妒’美丽的金叶和奇特的穗花把夏季庭院点缀得明媚动人。它的叶色多变，叶子初生时为古铜色，春季至初夏变为明亮的金色，到了盛夏又变为浅草绿色，很适合作为彩叶植物使用。每年初春时节，要从植株距地面 2 节左右的位置进行修剪，避免株型因枝条过度生长而变得杂乱，此后，植株会从基部发出新芽，并逐渐长成株高 1m 左右的丛生灌木。

硬毛百脉根‘硫黄’柔软的新叶搭配厚重的龙舌兰和线条纤细的墨西哥羽毛草等，叶子质感的差异显著，让景观显得张弛有度。

| *Lotus hirsutus* ‘Brimstone’ |

硬毛百脉根‘硫黄’

科别：豆科	冠幅：约70cm
类型：常绿亚灌木	光照：全日照
原产地：地中海沿岸地区	耐寒性：3***
花期：夏季至秋季	耐热性：3+++
株高：约60cm	土壤湿度：一般

硬毛百脉根‘硫黄’会在春季生长出像花一样美丽的奶油色新叶，随着时间的推移，叶色会变为灰蓝色，整个过程非常有趣。市面上出售的多为小苗，常给人娇小的印象，实际上它的成株枝叶蓬松、体态丰满，在花园中非常吸引眼球。它有一定的耐热性和耐寒性，但不太能忍受夏季过于闷热的环境。如果枝叶太过繁茂，可适当修剪，在初秋修剪枝头可以让株型更紧凑，促使植株萌生新叶。‘硫黄’原生于地中海沿岸地区，宜与原生环境相似的植物搭配。

初冬，‘黄云’粉红的新芽和金色的叶子美不胜收，与丝兰搭配在一起非常和谐。

| *Mahonia confusa* ‘Kouun’ |

宽苞十大功劳‘黄云’

科别：小檗科	冠幅：约80cm
类型：常绿灌木	光照：全日照至半阴
原产地：中国	耐寒性：3***
花期：冬季	耐热性：4++++
株高：约1m	土壤湿度：一般（不耐干燥）

‘黄云’是造园常用的宽苞十大功劳中的金叶品种，细长的金叶很美。它易于培育，但不耐干燥，适合在潮湿的地方种植。种在向阳处虽然会让叶色十分好看，但夏季强烈的西晒很容易将叶子灼伤，朝东的花坛或者明亮的半阴处，都是不错的选择。此外由于它耐阴性强，也可以在全阴处栽种。将它与丝兰、狐尾天门冬、马蒂尼大戟‘黑鸟’等形态独特的植物搭配可以为花园增添一些时尚感。

| *Magnolia grandiflora* ‘Little Gem’ |

荷花玉兰‘小宝石’

科别：木兰科	冠幅：约1.8m
类型：常绿小乔木	光照：全日照至半阴
原产地：美国东南部	耐寒性：3★★★
花期：夏季	耐热性：4++++
株高：约4m	土壤湿度：湿润

‘小宝石’是公园中常见的荷花玉兰的矮生品种，它带有一丝怀旧气息，肥厚油亮的深绿色叶子又颇具时尚感。其叶子背面为金褐色，密布短茸毛，花朵松软慵懒，散发着芳香，独具美感，观赏价值很高。‘小宝石’喜欢肥沃、湿润的土壤，易于培育。它虽然是常绿树，但在寒冷地区也有冬季落叶的情况。它的树型自然美观，基本不需要修剪，如果要疏枝，最好留下冬季饱满的花芽。

◂荷花玉兰‘小宝石’的株型优美，让人联想到橡皮树，在景观里自然和谐，又不会被忽视。

作者说
The Author's View

虽然荷花玉兰‘小宝石’与日式庭院稳重的氛围很搭，但还是更适合与个性化的植物一起打造设计感强的景观。它美丽的椭圆形叶子，与龙舌兰等硬挺的植物非常配，也可以与美人蕉等热带植物大胆组合。

左 / 普通的荷花玉兰比较高大，很难近距离观赏，而‘小宝石’是矮生种，让赏花变得更方便。

右 / ‘小宝石’金褐色的叶片背面非常华美，与绿玉树‘火焰棒’的橘黄色枝条和龙舌兰的蓝绿色叶子搭配，颜色和形态都形成鲜明的对比。

| *Paeonia suffruticosa* 'Kokuryu Nishiki' |

牡丹‘黑龙锦’

科别：芍药亚科	冠幅：约80cm
类型：落叶灌木	光照：半阴
原产地：中国西北部	耐寒性：4★★★★
花期：春季	耐热性：3+++
株高：约1.4m	土壤湿度：一般（不耐干燥）

‘黑龙锦’是半重瓣的大花牡丹，花朵呈暗紫红色，花瓣的外侧仿佛有人大胆地用笔刷上了白色花纹，花蕾独具东方风韵，极为引人注目。它的花期虽短，但短短数天，也足以让人印象深刻。一般来说，牡丹是需要全日照的植物，但直射阳光和强风容易损伤花瓣和叶子，因此在没有强风的半阴处种植能让植株更健康，花朵也更美。花后要及时修剪花茎，降低消耗。移栽‘黑龙锦’宜在秋季进行，其他季节移植要注意不能损伤植株根系。

◀ 牡丹‘黑龙锦’的花蕾都带有浓厚的东方风韵，再加上花瓣外侧的白色花纹，非常具有艺术感，和金叶接骨木搭配更能突出它的美。

作者说
The Author's View

‘黑龙锦’由于花期短，适宜与观赏时间长的彩叶植物组合，黄栌、接骨木等都是很不错的选择。在开始景观设计前就应该做好时间规划，让彩叶植物的新芽刚好接在‘黑龙锦’的花期之后，在玫瑰、月季的花期到来之际，为庭院增香添色。

左 / 牡丹‘黑龙锦’的暗紫红色花瓣与鲜艳的黄色花蕊对比鲜明。
右 / ‘黑龙锦’壮观的花蕾和天目琼花褐色的花蕾组合，让景观颇具成熟风韵。

Poncirus trifoliata var. *monstrosa*

飞龙枳

科别：芸香科	冠幅：约1m
类型：落叶灌木	光照：全日照至半阴
原产地：中国	耐寒性：3***
花期：春季	耐热性：4++++
株高：约2.5m	土壤湿度：一般（不耐干燥）

飞龙枳扭曲的枝干上生长着如利爪一样的刺，粗暴狂野，是枳的一个形态奇特的变种。落叶后，它橄榄绿色的枝条和黄色的圆形果实成为冬、春花园里绝好的焦点。枳是过去常见的植物，常让人想起旧时光，而飞龙枳又带有颠覆性的新潮感。它的枝条剧烈地扭曲，比普通品种生长慢，耐寒性相对较强，如果枝条因缺少养分而变黄，可在冬季施肥改善。

◂飞龙枳长满棘刺的扭曲枝条极为别致，非常适合与生长着红色枝条和金叶的红瑞木搭配。

作者说
The Author's View

飞龙枳的树枝常绿，展露锐利尖刺的冬、春两季是它的主要观赏期。金叶红瑞木是它在冬季的绝佳拍档，此外，还可以将它粗犷的棘刺作为背景，把紫蜜蜡花、帝王贝母等春花组合起来作为前景，增强景观的视觉冲击感。

左 / 飞龙枳浑圆的黄色果实和常绿的虬枝形成鲜明对比。
右 / 春季，各种植物都在萌发新芽，彰显旺盛的生命力，而飞龙枳奇特的形态，会给景观带来强烈的视觉冲击感，金叶珍珠梅的叶子在这个景观中起到了很好的点缀作用。

Puya coerulea

蓝花龙舌凤梨

科别：凤梨科	光照：全日照
类型：常绿灌木	耐寒性：2**
原产地：智利安第斯高原	耐热性：4++++
花期：夏季（成株数年开一次花）	土壤湿度：春季至秋季正常浇水，冬季保持土壤干燥
株高：约1.5m	
冠幅：约1m	

蓝花龙舌凤梨的叶子绿中泛白，边缘生有粗刺，粗犷而充满野性，茎干敦实的老桩即使高度不高，也透着一股庄严感，是原生于智利安第斯高原的稀有品种。它耐寒、耐旱，养护起来很省心，适宜种在向阳处，冬季要保持土壤干燥。小苗没有主干，随着每年外叶的枯萎，数年后才会长出主干。由于茎干的生长速度非常慢，想将它用作花园中的标志性植物，最好还是直接购买大型成株。若从小苗开始培育则需等待数年，不过这也恰好让人体会到园艺的妙趣。

◀ 将蓝花龙舌凤梨和龙舌兰组合到一起，再在后部的半阴处种上显脉红花荷，让景观充满个性。

作者说 The Author's View

蓝花龙舌凤梨可以与龙舌兰、丝兰演绎出荒漠中常见的景致，但只突出这一点特色未免过于单调，最好在组合里加入色彩丰富或质地柔软的植物，让景观显得更加丰富。此外，它与芦荟、大戟等热带植物搭配也很棒。

左 / 蓝花龙舌凤梨极少见的快开花时的样子。绿中泛白的茎和深紫色的花形成对比，赋予画面梦幻般的气息。

右 / 蓝花龙舌凤梨与芦荟、大戟、软树蕨等植物在质感和颜色上形成对比，打造出浓缩的热带景观。

上 / ‘黑八’ 黑红色的果实就像是一个个烤焦的小香肠，实际上也确能食用。
右 / 石榴 ‘黑八’ 秋季美丽的黄叶极具魅力，虽然很多人不知道它的这一特点，但这确实是秋日庭院的看点之一。

| *Punica granatum* ‘Eight Ball’ |

石榴 ‘黑八’

科别：千屈菜科	冠幅：约1.2m
类型：落叶灌木	光照：全日照
原产地：西亚及南亚部分国家	耐寒性：3***
花期：夏季	耐热性：4++++
株高：约2.3m	土壤湿度：一般

石榴树的历史悠久，古时在西亚最为常见，‘黑八’是其中的矮生黑果品种，将它与新西兰麻、龙舌兰等植物相结合，怀旧风和现代风碰撞出的美感令人怦然心动。石榴树果实的观赏期很长，秋季的黄叶也很美。夏季它会在枝头形成第二年的花芽，冬季修剪时应以疏枝为主，不要剪掉枝头。日照条件不好，会导致结果数量减少，因此最好种在向阳处。

显脉红花荷的圆叶和粉色花朵与北美云杉的银蓝色叶子在形态、质感和颜色上形成强烈对比。

| *Rhodoleia henryi* |

显脉红花荷

科别：金缕梅科	冠幅：约1.8m
类型：常绿乔木	光照：半阴
原产地：中国及部分东南亚国家	耐寒性：2**
花期：早春	耐热性：4++++
株高：约3.5m	土壤湿度：略湿润

显脉红花荷革质的常绿圆叶正面呈油亮的绿色，背面则微微泛着白色，个性十足；此外，它初春绽放的吊钟状粉色花朵也非常受欢迎。显脉红花荷的树型整齐美丽，很适合欧式花园，可以作为标志性植物培育。它耐寒性较弱，不适合在寒冷地区种植。由于它在早春开花，此时，落叶植物尚未发芽，无法打造出让人心动的景观，因此最好将它与常绿树搭配，树脚下也可以根据花期种一些颜色鲜艳的矾根、彩叶铁筷子等，让景观的颜色更加丰富。

| *Rhus typhina* |

火炬树

科别：漆树科	冠幅：约2m
类型：落叶灌木或小乔木	光照：全日照至半阴
原产地：美国东北部	耐寒性：4★★★★
花期：晚春至初夏	耐热性：4++++
株高：约4m	土壤湿度：一般

火炬树像翅膀一样展开的大型羽状复叶富于野趣又优雅动人。它春、夏两季的绿叶也很美，不过秋季鲜艳的红叶更令人叹为观止，在世界各地的名园中都很常见。它花后会结出暗红色的果实，可以持续观赏到秋天。火炬树的地下茎容易长出细枝，如果不希望这种情况发生，最好用大型花盆栽种后置于花园中，以限制根系生长。初春，将植株修剪至基部，可让它如丛生的多年生植物一样。虽然它与许多漆树科植物不同，没有有毒的汁液，但皮肤敏感的人还是要注意。

◀ 火炬树透着阳光的壮美红叶。暗红色的果实和羽状叶子结合起来，宛如一只凌空的飞鸟。

作者说
The Author's View

火炬树可作为富于季节感的宿根植物景观的背景。它搭配百合‘维度’的暗红色花朵和美洲商陆的金叶效果很棒，与水甘草一起打造的秋景也很美。

左 / 夏季，火炬树暗红色的果实与绿叶的对比很美。黄金鬼百合的加入让景观充满野趣的同时又带有一分设计感。
右 / 初夏盛开黄绿色花朵的火炬树与百合‘维度’、矮生夹竹桃‘小鲑鱼’等搭配，花色独特的品种相结合，为花园带来了怀旧感。

| *Rosa glauca* |

紫叶蔷薇

科别：蔷薇科	冠幅：约1.8m
类型：落叶灌木	光照：全日照至半阴
原产地：欧洲南部	耐寒性：4★★★★
花期：春季	耐热性：1+
株高：约2m	土壤湿度：一般

与普通铜叶不同，紫叶蔷薇的叶子在墨绿色中透着紫红色，极具魅力。它粉色的单瓣花和叶色的对比很美，初夏过后叶子中的红色变淡，略泛银紫色；秋季结出丰满的橙色果实，观赏价值很高。它的耐寒性较强，但不耐高温高湿，比较适合在寒冷地区的向阳处栽培。如果在温暖地区栽种，夏季叶子容易脱落，最好选择通风良好的半阴处栽种。花后要及时追肥，冬季也要施肥。

◂春季，紫叶蔷薇的叶子中紫红色较浓，与粉色的可爱花朵相得益彰。

作者说
The Author's View

春季，紫叶蔷薇生发新芽时特别美丽，而它的花期正好与此重叠，是植株的主要观赏期。应用在花园中时，可以利用它的独特叶色和耐半阴的特性，与同为春天观赏的金叶树木和蓝绿叶玉簪相结合，效果绝妙。此外，双花木‘惠那锦’与紫叶蔷薇秋季的红叶和果实也很相称。

左 / 春季，紫叶蔷薇与加拿大紫荆‘金心’的叶色形成对比。此时，二者正处于观叶的最佳时期，彼此映衬之下，两种植物的美都得到了更好的展现。

右 / 在温暖地区，紫叶蔷薇更适合栽种在半阴处，它与双花木‘惠那锦’灰蓝色叶子的对比很美。

上 / 玫瑰‘烟绒紫’花色艳丽，与加拿大红叶紫荆深沉的紫叶搭配，相同的色调营造出成熟稳重的氛围。
右 / 玫瑰‘烟绒紫’初冬的红叶呈现出黄、橙、红、紫多色渐变的效果，美丽动人。此外，它豆沙色的枝条也很雅致，看点非常多。

| *Rosa* ‘Basye’s Purple Rose’ |

玫瑰‘烟绒紫’

原产地：美国	光照：全日照至半阴
花期：晚春及秋季（多季节反复开花）	耐寒性：4****
株高：约2.5m	耐热性：3+++
冠幅：约1.8m	土壤湿度：一般

※其他特性可参考紫叶蔷薇（P132）

玫瑰‘烟绒紫’是杂交品种，有着天鹅绒般质感的深紫红色花瓣和花粉充足的黄色花蕊，妖艳而魅惑。它拥有针状细刺和单瓣大花，既富于野性又独具一格；豆沙色的新枝和多变的红叶，让它可以作为彩叶植物观赏。生长旺盛，冬季可通过修剪调整株型。玫瑰‘烟绒紫’在晚春开过花后，会于秋季再次开花，花色艳丽，与拥有铜叶的树木和暗色的矾根组合，可通过明度的对比来烘托花色，让花蕊的颜色更加显眼。养护方法和普通月季一样，需给予充足的肥料。

上 / 宽刺绢毛蔷薇花后迅速生长的带鳍状刺的枝条，非常引人注目。
右 / 宽刺绢毛蔷薇的花朵极具野趣，与双花木‘惠那锦’等自然风的植物很配。

| *Rosa sericea* var. *Pteracantha* |

宽刺绢毛蔷薇

原产地：中国中部及南部	光照：半阴
花期：春季	耐寒性：4****
株高：约2.5m	耐热性：1+
冠幅：约1.5m	土壤湿度：一般（需注意土壤排水）

※其他特性可参考紫叶蔷薇（P132）

红色又带有透明感的宽幅大刺像鱼鳍一样生长在宽刺绢毛蔷薇晚春至初夏抽生的新枝上，极具个性。它拥有野趣盎然的白色单瓣花，花后，带有红色棘刺的枝条迅速成为初夏的看点，小巧的叶片也非常可爱。它难以适应盛夏的直射日光和高温高湿的环境，适宜栽培在通风好且明亮的半阴处。宽刺绢毛蔷薇红色的刺和彩叶树的新叶搭配起来很棒，与蕨类植物一起可以营造出古老、原始的气氛。培育方法可参考紫叶蔷薇的相关内容（P132）。

鹰爪豆的原生地气候干爽，适合将它与新西兰麻、硬毛百脉根‘硫黄’、龙舌兰等植物搭配，打造旱地景观。

Spartium junceum

鹰爪豆

科别：豆科	冠幅：约1.5m
类型：常绿灌木	光照：全日照
原产地：地中海沿岸地区	耐寒性：3★★★
花期：晚春	耐热性：4++++
株高：约3m	土壤湿度：干燥

鹰爪豆非常独特，它的叶子小而稀少，一般只能看见常绿的枝干，与地中海沿岸的旱地气氛很相称。春季，它会在玫瑰、月季开花后绽放鲜黄色的花朵，散发出沁人心脾的甜香，使其更具魅力。鹰爪豆皮实好养，种植在阳光充足、温暖、干燥的地方比较好。如果树型变得凌乱，可以在花后到初夏这段时间对枝条进行修剪；冬季修剪时，不要剪掉枝梢，以免剪掉花芽，应从基部疏除多余的枝条来修整株型。另外，控肥是让树型更加紧凑的方法之一。

接骨木‘黑色蕾丝’搭配月季‘王子’的暗红色花朵，再加上海桐和矾根‘草莓奶昔’等植物的常绿叶子，让景观在春天之外也极具观赏性。

Sambucus nigra ‘Black Lace’

接骨木‘黑色蕾丝’

科别：五福花科	冠幅：约1.2m
类型：落叶灌木	光照：半阴
原产地：欧洲	耐寒性：4★★★★
花期：春季	耐热性：2++
株高：约2.5m	土壤湿度：一般（不耐干燥）

‘黑色蕾丝’是西洋接骨木的铜叶品种，它呈羽状裂开的紫黑色叶子优美迷人，粉色的小花与玫瑰、月季等春天盛开的花朵同时开放，聚集成片，分外惹人注目。夏季高温期，它叶子的颜色会稍稍褪去，在略寒冷的地区会长得尤为美丽；如果在温暖地区栽种，应避开强烈的直射日光。为了突出‘黑色蕾丝’的叶子和花，适合将它与叶子圆润的大型彩叶树木，或者玫瑰、芍药等花型丰满的植物组合。在树脚下搭配一些彩叶植物，可以在延长景观观赏期的同时，遮挡直射日光，有效减缓土壤温度上升。

| *Tetrapanax papyrifer* |

通脱木

科别：五加科	冠幅：2～3m
类型：半落叶灌木或小乔木	光照：全日照至半阴
原产地：中国	耐寒性：2**
花期：初冬	耐热性：4++++
株高：1.5～4m	土壤湿度：一般

通脱木巨大的掌状叶子散发出压倒性的存在感，无论是在热带风还是自然风的景观中都很适用，宜将它作为主角植物应用，让花园更具独创性。通脱木的耐寒性不太强，地栽的话，冬季气温在 -5℃左右时，植株的地面部分会枯萎，就像大型宿根植物一样。如果生长环境适宜，植株长大后容易串根，为了避免这种情况，可以将植株栽种在大型花盆里并置于花园中，让植株的根系通过盆孔扎到土地里，限制根系生长。

◀ 通脱木充满生命力的巨大叶子拥有极强的表现力，是当之无愧的视觉焦点。

作者说
The Author's View

要活用通脱木巨大的叶子，用它与彩叶植物打造具有冲击力的景观。此外，它也很适合作为龙舌兰和美人蕉等热带植物的背景，让景观显得张弛有度。

左 / 温暖地区初冬的庭院里，通脱木和六出花‘印第安之夏’为有些萧条的宿根草花境增添了华丽的色彩，与背景处黄栌‘金奖章’的红叶形成了颜色上的对比。
右 / 土当归‘太阳之王’、落新妇‘巧克力将军’、虾蟆花‘塔斯马尼亚天使’和通脱木等一起种植在半阴处，本来容易显得杂乱的观叶植物景观，因为通脱木肥硕的叶子而显得整齐而富有层次。

◂天目琼花‘奥农达加’开花之初的样子。褐色的花蕾以及和平顶绣球一样的白色花朵形成对比，非常美丽。

| *Viburnum sargentii* 'Onondaga' |

天目琼花‘奥农达加’

科别：五福花科	冠幅：约1m
类型：落叶灌木	光照：半阴
原产地：东亚地区	耐寒性：4****
花期：春季	耐热性：2++
株高：约1.5m	土壤湿度：湿润

天目琼花‘奥农达加’拥有褐色的花蕾，略带淡褐色的白花组成如绣球花一般的花序，古铜色的嫩芽妩媚又优雅，是一种质朴而又不失魅力的荚蒾属植物，与耐阴植物、观叶植物，以及月季等很配。它不耐强烈的直射阳光和干燥的环境，最好在明亮的半阴处栽培，养护时注意要保持土壤湿润。它的叶子在初夏以后变绿，适合与观赏期长的彩叶植物搭配。

作者说
The Author's View

造园时应着重突出‘奥农达加’新芽与花蕾的美感。它春季暗沉的铜叶适合搭配山茶‘锦叶黑椿’，也可与牡丹‘黑龙锦’组合，和紫叶蔷薇及荷包牡丹‘金心’等喜欢半阴环境的彩叶植物也很相称。

左/‘奥农达加’的全盛期。紫叶蔷薇和加拿大紫荆‘金心’的加入让整个景观的色彩丰富动人。
右/天目琼花‘奥农达加’开花前新生的嫩叶也和花蕾一样呈褐色，此时可将它作为观叶植物应用。

| *Yucca desmetiana* |

戴氏丝兰

科别：天门冬科
类型：常绿灌木
原产地：墨西哥
花期：夏季
株高：约1.5m
冠幅：约1m

光照：全日照
耐寒性：2★★
耐热性：4++++
土壤湿度：春季至秋季正常浇水，冬季保持土壤干燥

戴氏丝兰的叶子呈莲座状展开，下部叶子枯萎后，裸露出来的茎干逐渐转变为主干，树型十分独特。它的叶子从春季到秋季呈现出绿中透白的颜色，冬季变为紫褐色，在丝兰中非常罕见，展现了冬季庭院与众不同的一面。植株长大后，会从根部冒出新芽，带来更为丰富的视觉效果。戴氏丝兰不太耐寒，寒风和霜冻容易让它的叶子受损，为了让它在冬季保有美丽的叶片，最好在温暖、朝南的地方栽种，并保证它不会受到北风的摧残；此外，充足的日照会让它的叶色更加鲜艳。养护时，夏季为植株充分补充养分和水分，冬季保持土壤干燥。

◀ 冬季，戴氏丝兰紫褐色的叶子魅力十足，这种因季节更迭而产生的叶色变化非常奇特。

作者说
The Author's View

将戴氏丝兰与季节变化不显著的龙舌兰等组合起来，让植物冬季的叶色形成鲜明的对比。也可以尝试将它与常绿大戟、荷花玉兰‘小宝石’等搭配，用各种各样的常绿植物打造全年都能观赏的景观。

左 / 戴氏丝兰、鸟喙丝兰、美人蕉‘澳大利亚’、荷花玉兰‘小宝石’、褐斑龙舌兰‘巧克力碎片’等颜色、质感不同的常绿植物栽种在一起，让景观看起来丰富又富于变化。
右 / 夏季，戴氏丝兰叶子中的紫红色褪去，又变回灰绿色，让景观更具季节感。

| *Yucca gloriosa* 'Variegata' |

花叶凤尾丝兰

原产地：美国南部及墨西哥	冠幅：约1.2m
花期：夏季至秋季	耐寒性：3★★★
株高：1～2.5m	耐热性：4++++

※其他特性可参考戴氏丝兰（P137）

在日本，花叶凤尾丝兰自古以来就常用于装饰房屋的出入口，给人以强烈的怀旧感。其斑叶和硬朗的姿态全年都可以观赏，初夏至秋季盛开的奶白色铃铛状花朵也十分壮观。它喜欢阳光充足且相对干燥的地方，有一定的耐寒性，只要环境不会过于寒冷，就可以在室外栽种，冬季尤其不喜潮湿。花叶凤尾丝兰在花期之外生长缓慢，应在夏季生长期为它提供充足的肥料和水分。它的叶尖尖锐，为避免观赏时被划伤，选择栽种场所时应慎重思考后再做决定。

◂秋季，花叶凤尾丝兰绽放美丽的奶白色花朵，与红粗柄象腿蕉、帚灯草等植物组成热带风浓郁的景观。

作者说 The Author's View

花叶凤尾丝兰在花期之外呈低矮的莲座状姿态，建议栽种在花境前部；或者将它作为带有怀旧感的迎宾植物置于房屋的入口处。在它周围配置一些珍奇植物或热带植物，让景观更具独创性。

左 / 花叶凤尾丝兰搭配紫御谷、地涌金莲、椰子芦荟等植物，为景观添加了一些奇幻色彩。
右 / 鹰爪豆、金叶牛至、海滨两节荠等旱地植物组合让花园更具动感，而花叶凤尾丝兰的加入则让景观更加紧凑。

| *Yucca rostrata* |

鸟喙丝兰

原产地：美国南部及墨西哥
花期：夏季
株高：约3m
冠幅：约1.6m（植株有分枝的情况下）
耐寒性：3★★★
耐热性：4++++

※其他特性可参考戴氏丝兰（P137）

鸟喙丝兰粗壮的树干和呈放射状展开的灰蓝色剑叶营造出沙漠般荒凉的气氛。它的树干生长速度非常慢，需要很长时间才能成型，因此，如果想将它作为花园中的主角打造，就不能因价格昂贵而退缩，最好一开始就购买足够大的成株。鸟喙丝兰耐热、耐干燥，但如果碰到强霜冻和寒风，它的叶子就会损坏，因此最好在温暖、朝南的地方栽种，冬季保持土壤干燥。成株的根部一旦受损，植株就很难存活了，栽种和移植时要尤其注意。

◀ 鸟喙丝兰与美人蕉‘澳大利亚’、戴氏丝兰等形成了颜色上的对比，背景处的美人蕉‘香蕉叶’让这里的热带气氛高涨。

作者说
The Author's View

鸟喙丝兰近年非常受欢迎，常用于现代风的花园，但应用时要避免它落入俗套。除了与常规的龙舌兰等植物搭配外，也可尝试打造色彩丰富的组合，让景观更有独创性。

左 / 尾叶铁线莲的深绿色叶子和奔放的藤蔓，与鸟喙丝兰的灰蓝色叶子和粗壮的树干形成鲜明对比。
右 / 长出树干前的鸟喙丝兰呈低矮的球状，与成株迥然不同。可以将它与宽苞十大功劳‘黄云’、海滨两节荠等植物组合，打造出色彩丰富的景观，但要注意别让花园沦为度假胜地的常见风格。

专栏 3

自由构思，让花园展现个人风格

左上 / 我在造园之初非常喜欢的大戟‘火焰之光’。左下 / 创作这本书的那个夏天，鸳鸯美人蕉一直激发着我的创作欲望。右 / 栽种在乙庭前院的龙舌兰和红粗柄象腿蕉。至此，乙庭的故事就结束了，接下来，就需要你来探索自己的花园风格了。

20 世纪 90 年代中期，我因为一次偶然的机会接触到《贾曼的花园》这本书。这是英国电影导演德里克·贾曼晚年创作的、记录自己造园历程的书，他在书中描述了自己如何在荒凉的海边，通过野生植物、石头等素材打造出一座不可思议的花园。受到这本书的触动，我开始钻研并沉浸于园艺设计。

我常常思考：这本书到底是哪儿打动了我呢？久久寻觅之后，我终于找到了答案——因为它描绘了一位园艺师应有的生活。我从中领悟到，一名出色的园艺师可以通过花园传达自己的思想。

园艺本来就是生活的一部分。你可以追求简单的速成花园，也可以用一生打造出适合自己的花园，在花园里，你会被所爱的植物治愈，在修养的同时获得知识，也可以安静、深入地进行自我反思、自我探索。

这本书中介绍的植物及其搭配方法，是我探索乙庭风格时所留下的轨迹，这仅仅是我的个人案例，任何人都不必拘泥于此。读完这本书之后，你要试着通过自由构思，让花园展现出你自己的风格。造园之初是最困难的，如果此书能给你带来自我反思的契机和勇气，那就够了。只有能展现造园者独特风格的花园才能深入人心，那么，从现在开始，试着感受这个崭新的园艺世界吧！

太田敦雄

太田敦雄，园艺师、景观设计师，2011年在日本创建线上园艺店“ACID NATURE 乙庭”，他个人住所和店铺设计的植物景观，因独特的艺术性而获得大众的认可。

摄影：山本耕平

图书在版编目（CIP）数据

让花园更出彩的植物手册 / (日) 太田敦雄著；药草花园译 . – 武汉：湖北科学技术出版社，2021.1

ISBN 978-7-5706-0153-0

Ⅰ . ①让… Ⅱ . ①太… ②药… Ⅲ . ①观赏园艺－手册 Ⅳ . ① S68-62

中国版本图书馆 CIP 数据核字 (2020) 第 193575 号

让花园更出彩的植物手册

RANG HUAYUAN GENG CHUCAI DE ZHIWU SHOUCE

责任编辑：魏　珩
美术编辑：张子容　胡　博
责任校对：王　梅
督　　印：刘春尧

出 品 人：章雪峰
出版发行：湖北科学技术出版社
地　　址：武汉市雄楚大街 268 号湖北出版文化城 B 座 13—14 层
电　　话：027-87679468　　邮　　编：430070
网　　址：http://www.hbstp.com.cn
印　　刷：武汉市金港彩印有限公司　　邮　　编：430015
开　　本：889×1092　1/16　　印　　张：9
版　　次：2021 年 1 月第 1 版
印　　次：2021 年 1 月第 1 次印刷
字　　数：180 千字
定　　价：58.00 元

（本书如有印装问题，可找本社市场部更换）

更多园艺好书，关注绿手指园艺家

绿手指花园设计系列

- 园艺爱好者的灵感来源，国际知名园艺设计师的经典力作
- 专业个案解读和精美图片，激发园艺爱好者的创作灵感
- 让您拥有不一样的创作理念和独特品味，打造自己的梦幻花园

《砾石花园设计》

《地中海式花园设计》

《乡村花园设计》

《花园视觉隔断设计》

《花园休闲区设计》

更多园艺好书，关注绿手指园艺家

花园 MOOK 系列

- 日本著名园艺杂志《Garden & Garden》的唯一中文授权版
- 最全面的园艺生活指导，花园生活的百变创意，打造你的个性花园
- 开启与自然的对话，在园艺里寻找自己的宁静天地
- 滋润心灵的清新阅读，营造清新雅致的自然生活

《金暖秋冬号》

《粉彩早春号》

《静好春光号》

《绿意凉风号》

《私房杂货号》

《铁线莲号》

《玫瑰月季号》

《绣球号》

《创意组盆号》

《缤纷草花号》